高校数学Aの

定期テストを乗り切る

超きほん

数研出版
https://www.chart.co.jp

- 本書は，「初めて数学Ａを学ぶ人」，「数学Ａに苦手意識をもっていて，克服したい人」，「数学Ａの定期テストだけでも乗り切りたい人」のための導入～基礎レベルの書籍です。
- 誰でもひとりで学習を進められるように，導入的な内容からやさしく解説されています。1単元2ページの構成です。重要なポイントを絞り，無理なく学習できる分量にしました。
- 考えかたの手順をおさえることで，しっかりと基本問題の対策をすることができます。

構 成 ・ 使 い 方

まず，じっくりと説明を読みましょう。
重要なポイントや単語は太字や色文字で示しているので，必ず覚えておきましょう。

続いて， 練習問題 を解きましょう。
わからないときは，左のページの説明に戻ってみましょう。

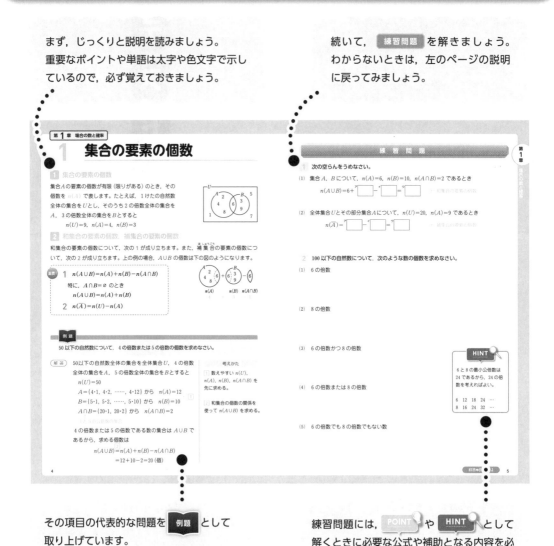

その項目の代表的な問題を 例題 として取り上げています。
例題には， 考えかた として解答とともに解き方・考え方の手順が整理されています。しっかりと取り組みましょう。

練習問題には， POINT や HINT として解くときに必要な公式や補助となる内容を必要に応じて示しています。

目　次

第 1 章　場合の数と確率

1	集合の要素の個数	4
2	樹形図	6
3	和の法則・積の法則	8
4	順列	10
5	円順列	12
6	重複順列	14
7	組合せ	16
8	組合せの利用	18
9	同じものを含む順列	20
10	事象と確率	22
11	確率の基本性質	24
12	独立な試行の確率	26
13	反復試行の確率	28
14	条件付き確率	30
15	いろいろな確率の計算	32
16	期待値	34
確認テスト		36

第 2 章　図形の性質

17	平面図形の基本的な性質	38
18	三角形と線分の比	40
19	角の二等分線と比	42
20	三角形の外心	44
21	三角形の内心	46
22	三角形の重心	48
23	チェバの定理・メネラウスの定理	50
24	円周角の定理	52
25	円に内接する四角形	54
26	円と接線	56
27	接線と弦の作る角	58
28	方べきの定理	60
29	2つの円	62
30	作図	64
31	空間図形の基本的な性質	66
32	多面体	68
確認テスト		70

第 3 章　数学と人間の活動

33	約数と倍数	72
34	倍数の判定法	74
35	素数と素因数分解	76
36	最大公約数・最小公倍数	78
37	割り算における商と余り	80
38	余りと整数の分類	82
39	ユークリッドの互除法	84
40	1次不定方程式	86
41	1次不定方程式と互除法	88
42	n 進法	90
43	座標の考え方	92
確認テスト		94

1 集合の要素の個数

1 集合の要素の個数

集合Aの要素の個数が有限 (限りがある) のとき，その個数を $n(A)$ で表します。たとえば，1 けたの自然数全体の集合をUとし，そのうち 2 の倍数全体の集合をA，3 の倍数全体の集合をBとすると

$$n(U)=9, \ n(A)=4, \ n(B)=3$$

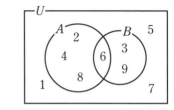

2 和集合の要素の個数，補集合の要素の個数

和集合の要素の個数について，次の **1** が成り立ちます。また，補 集 合 (ほ しゅうごう) の要素の個数について，次の **2** が成り立ちます。上の例の場合，$A \cup B$ の個数は下の図のようになります。

重要!

1 $n(A \cup B)=n(A)+n(B)-n(A \cap B)$

特に，$A \cap B=\varnothing$ のとき
$$n(A \cup B)=n(A)+n(B)$$

2 $n(\overline{A})=n(U)-n(A)$

A　　　B
$n(A) \quad n(B) \quad n(A \cap B)$

例題

50 以下の自然数について，4 の倍数または 5 の倍数の個数を求めなさい。

解答　50以下の自然数全体の集合を全体集合U，4 の倍数全体の集合をA，5 の倍数全体の集合をBとすると

$$n(U)=50$$
$$A=\{4\cdot1, \ 4\cdot2, \ \cdots\cdots, \ 4\cdot12\} \ \text{から} \quad n(A)=12$$
$$B=\{5\cdot1, \ 5\cdot2, \ \cdots\cdots, \ 5\cdot10\} \ \text{から} \quad n(B)=10$$
$$A \cap B=\{20\cdot1, \ 20\cdot2\} \ \text{から} \quad n(A \cap B)=2$$
　　　4 と 5 の公倍数の集合

4 の倍数または 5 の倍数である数の集合は $A \cup B$ であるから，求める個数は

$$n(A \cup B)=n(A)+n(B)-n(A \cap B)$$
$$=12+10-2=20 \ (\text{個})$$

考えかた

1 数えやすい $n(U)$，$n(A)$，$n(B)$，$n(A \cap B)$ を先に求める。

2 和集合の個数の関係を使って $n(A \cup B)$ を求める。

練 習 問 題

1 次の空らんをうめなさい。

(1) 集合 A, B について，$n(A)=6$，$n(B)=10$，$n(A \cap B)=2$ であるとき

$$n(A \cup B)=6+\overset{ア}{\boxed{}}-\overset{イ}{\boxed{}}=\overset{ウ}{\boxed{}}$$　　← 和集合の要素の個数

(2) 全体集合 U とその部分集合 A について，$n(U)=20$，$n(A)=9$ であるとき

$$n(\overline{A})=\overset{ア}{\boxed{}}-\overset{イ}{\boxed{}}=\overset{ウ}{\boxed{}}$$　　← 補集合の要素の個数

2 100 以下の自然数について，次のような数の個数を求めなさい。

(1) 6 の倍数

(2) 8 の倍数

(3) 6 の倍数かつ 8 の倍数

HINT

6 と 8 の最小公倍数は 24 であるから，24 の倍数を考えればよい。

6　12　18　24　…
8　16　24　32　…

(4) 6 の倍数または 8 の倍数

(5) 6 の倍数でも 8 の倍数でもない数

2 樹形図

1 もれなく，重複もなく数える

たとえば，大小2個のさいころを同時に投げるとき，目の和
が5になる場合は，右の表から，4通りであることがわかり
ます。

大の目	1	2	3	4
小の目	4	3	2	1

このように，起こりうるすべての場合をもれなく，重複もなく数えるとき，表や図にまと
めて考えると求めやすくなります。

2 樹形図

4枚のカード 1 1 2 3 から3枚を選んで1列に並べ
る方法をすべて書き出すと，右の図のようになります。
したがって，その方法は12通りあることがわかります。
この図のように，枝分かれしていく図を 樹形図 といい
ます。
樹形図は，起こりうるすべての場合を，もれなく，重複
もなく数えるときに便利です。

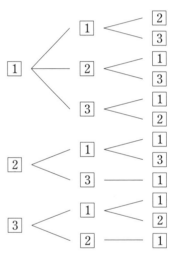

例題

大中小3個のさいころを同時に投げるとき，目の和が5になる場合は何通りありますか。

解答　3つのさいころの目の和が5なので，1つのさいこ
ろの目は3以下である。　←1

大の目，中の目，小の目の順に並べると，目の和が
5になる場合は，下の樹形図のようになる。　←2

よって，目の和が5になる
場合は　　6通り

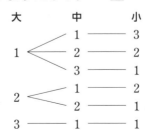

考えかた

1 目の和から，1つの目
がいくつ以下になるかを考
える。

2 大，中，小の順番に考
えて樹形図を作る。

練 習 問 題

1 大中小 3 個のさいころを同時に投げるとき，次の空らんをうめなさい。

(1) 大と小のさいころの目の和が 8 にな
る場合は，右の表のようになるから，
全部で

 通り

大の目	2	3	4	5	^イ
小の目	6	^ア	4	3	2

(2) 大中小 3 個のさいころの目の積が 4 になる場合は，
右の樹形図のようになるから，全部で

 通り

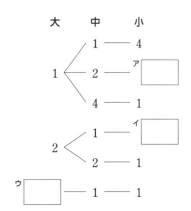

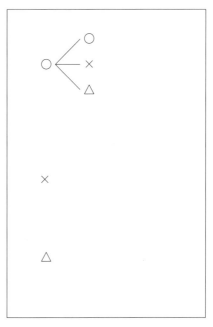

2 A，B の 2 人がじゃんけんをして，先に 2 回勝った方を勝者とする。
あいこが 2 回になる前に A が勝者となる場合は何通りあるか。
A の勝ちを○，負けを×，あいこを△として，
右の樹形図を完成させて答えなさい。

解答➡別冊 p. 2   7

3 和の法則・積の法則

1 和の法則

ことがら A，B は同時には起こらないとします。

　　A の起こり方が a 通りあり，

　　B の起こり方が b 通りある

とき，A または B の起こる場合は，$a+b$ 通りあります。
これを，和の法則 といいます。

2 積の法則

　　ことがら A の起こり方が a 通りあり，

そのどの場合についても

　　ことがら B の起こり方が b 通りずつある

とき，A と B がともに起こる場合は，$a\times b$ 通りあります。
これを，積の法則 といいます。

注　和の法則，積の法則は，3 つ以上のことがらについても，同じように成り立ちます。

例題

大小 2 個のさいころを同時に投げるとき，次の場合は何通りありますか。
(1)　目の和が 4 の約数になる場合　　　(2)　目の積が奇数になる場合

解答　(1)　目の和は 1 にはならないから，目の和が 4 または 2 になる場合で，これらは同時には起こらない。
↑1

　　　　適する場合を，（大の目，小の目）で表すと
　　　　　目の和が 4 になる場合は，(1, 3)，(2, 2)，
　　　　(3, 1) の　3 通り　←2
　　　　　目の和が 2 になる場合は，(1, 1) の　1 通り
　　　　よって，和の法則により　　3+1=4（通り）　←3

　　　(2)　大の目が奇数 かつ 小の目が奇数になる場合である。
　　　　↑1

　　　　さいころの目が奇数になる場合は，
　　　　1，3，5 の　3 通り　←2
　　　　よって，積の法則により　　3×3=9（通り）　←3

考えかた

1 「または」「かつ」を使って，条件を言いかえる。

2 条件にあてはまる場合を数える。

3 和の法則・積の法則を使う。

練 習 問 題

1 次の空らんをうめなさい。

(1) 大小 2 個のさいころを同時に投げるとき，目の和が 6 の倍数になる場合は，目の和が

6 または ^ア□ になる場合で，これらは同時には起こらない。

目の和が 6 になる場合は，

$(1, 5)$，$(2, 4)$，$\left(^{イ}\boxed{}, {}^{ウ}\boxed{}\right)$，$(4, 2)$，$(5, 1)$ の　5 通り

目の和が ^ア□ になる場合は，$\left(6, {}^{エ}\boxed{}\right)$ の　1 通り

よって，目の和が 6 の倍数になる場合は　　$5+1=6$（通り）

(2) A 町と B 町の間には 3 本の鉄道があり，B 町と C 町の間には 4 本のバス経路がある。

このとき，電車とバスを乗り継いで，A 町から C 町まで行く方法は

$$3\times {}^{ア}\boxed{} = {}^{イ}\boxed{}\text{（通り）}$$

2 次の問いに答えなさい。

(1) 1 個のさいころを 2 回投げるとき，目の和が 5 の倍数になる場合は何通りありますか。

HINT

2 つのさいころの目の和は 2 以上 12 以下。
このうち，5 の倍数は 5 と 10 である。

(2) 5 種類の数学の参考書と 4 種類の英語の参考書から，それぞれ 1 冊ずつを選ぶ方法は
何通りありますか。

4 順列

1 順列

たとえば、5人の生徒の中の3人が1列に並ぶ方法は、次のようになります。

| 1番目 | 5通り | | 2番目 | 4通り | | 3番目 | 3通り |

だれでもよい。　　　　　　　　　1番目の人を除く。　　　　　　　1番目と2番目の人を除く。

一般に、異なる n 個のものから異なる r 個を取り出して1列に並べたものを、n 個から r 個取る 順列 といい、その総数を $_nP_r$ で表します。

1番目	2番目	3番目	……	r 番目
n 通り	$(n-1)$ 通り	$(n-2)$ 通り	……	$\{n-(r-1)\}$ 通り

積の法則により、次のことが成り立ちます。

> **重要!**　　$_nP_r=n(n-1)(n-2)\cdots\cdots(n-r+1)$ 　　　　← r 個の数の積

この式において、特に、$r=n$ であるとき

$$_nP_n=n(n-1)(n-2)\cdots\cdots\cdot3\cdot2\cdot1$$ 　　　← 1 から n までのすべての自然数の積

この右辺を、n の 階乗 といい、記号 $n!$ で表します。

例　$_5P_3=5\cdot4\cdot3=60,\quad 5!=5\cdot4\cdot3\cdot2\cdot1=120$

例題

4個の数字 0, 1, 2, 3 をすべて使ってできる4けたの整数は何個ありますか。

（解答）　千の位は、1, 2, 3 の　　　　3通り　　←①

百、十、一の位は、残りの3個の数字を並べればよいから、その並べ方は

$$_3P_3 \text{ 通り} \quad ←②$$

よって、求める整数の個数は、積の法則により

$$3\times{_3P_3}=3\times3\cdot2\cdot1=18 \text{（個）}$$

考えかた

① 千の位に 0 は使えないので、先に考える。

② 千の位で使った数字以外の数字の順列を考える。

1 次の空らんをうめなさい。

(1) ${}_6\mathrm{P}_3 = 6 \cdot \overset{\text{ア}}{\boxed{}} \cdot 4 = \overset{\text{イ}}{\boxed{}}$

(2) $4! = \overset{\text{ア}}{\boxed{}} \cdot 3 \cdot 2 \cdot 1 = \overset{\text{イ}}{\boxed{}}$

POINT

${}_n\mathrm{P}_r$　n個からr個取る順列

$n!$　nの階乗 → ${}_n\mathrm{P}_n$

2 次の問いに答えなさい。

(1) 9人の野球選手の中から，1番打者，2番打者，3番打者を決める方法は何通りありますか。

(2) 5個の数字 1，2，3，4，5 をすべて並べてできる5けたの偶数は何個ありますか。

(3) 男子2人と女子4人が1列に並ぶとき，男子2人が隣り合う場合は何通りありますか。

HINT

隣り合う男子を1組と考えて，まず男子1組と女子4人の順列を考える。

解答➡別冊 p. 2　11

5 円順列

1 円順列

いくつかのものを円形に並べる順列を 円順列 といいます。

4 個の文字 a，b，c，d を 1 列に並べる順列の総数は

$$4!=4\cdot3\cdot2\cdot1=24\,(通り)$$

あります。

一方，これらを円形に並べる場合，たとえば，4 つの順列

abcd　　　bcda　　　cdab　　　dabc

は区別がつかず，これらは円順列として，どれも同じ並びになります。

← a に注目して，残りの 3 文字の並びを反時計回りに見ると，どれも bcd になっている

円順列は，1 個のものを固定して，残りの順列を考えることで，その総数を求めることができます。

円順列の総数について，次のことが成り立ちます。

 異なる n 個のものの円順列の総数は　$(n-1)!$

例題

6 人が輪の形に並ぶとき，並び方は何通りありますか。

解答　並び方は，6 個のものの円順列であるから，その総数は　1

$$(6-1)!=5!=120\,(通り)　2$$

考えかた

1 「輪の形」という条件から，円順列と考える。

2 円順列の総数の公式 $(n-1)!$ にあてはめる。

練　習　問　題

1 次の空らんをうめなさい。

(1) 5個の文字 a, b, c, d, e を1列に並べる順列の総数は

$$\overset{ア}{\boxed{}}! = \overset{イ}{\boxed{}} (通り)$$

(2) 5個の文字 a, b, c, d, e を円形に並べる円順列の総数は

$$\left(5 - \overset{ア}{\boxed{}}\right)! = \overset{イ}{\boxed{}}! = \overset{ウ}{\boxed{}} (通り)$$

2 次の問いに答えなさい。

(1) 4人の生徒が円形のテーブルの周りに座るとき，座り方は何通りありますか。

(2) 色の異なる7個の玉を円形に並べるとき，並べ方は何通りありますか。

(3) 右の図のように，円を8等分した各部分を，8色の絵の具を
すべて使って塗り分けるとき，塗り分け方は何通りありますか。

6 重複順列

1 重複順列

異なるものから重複を許して取り出して1列に並べたものを，**重複順列** といいます。
↑
同じものをくり返し使ってよいという意味

4個の文字 a，b，c，d から異なる 3 個を取り出して 1 列に並べる順列では，次のように
なります。

1番目 4通り
(a)(b)
(c)(d)
➡ ○ ○ ○

a, b, c, dのどれでもよい。

2番目 3通り
(b)
(c)(d)
➡ (a) ○ ○

1番目の文字を除く。

3番目 2通り
(b)
(c)
➡ (a)(d) ○

1番目と2番目の文字を除く。

一方，重複を許して取り出す重複順列では，次のようになります。

1番目 4通り
(a)(b)
(c)(d)
➡ ○ ○ ○

a, b, c, dのどれでもよい。

2番目 4通り
(a)(b)
(c)(d)
➡ (a) ○ ○

a, b, c, dのどれでもよい。

3番目 4通り
(a)(b)
(c)(d)
➡ (a)(a) ○

a, b, c, dのどれでもよい。

重複順列の総数について，次のことが成り立ちます。

> **重要!** 異なる n 個から r 個取る重複順列の総数は
> $$n \times n \times \cdots\cdots \times n = n^r$$
> ← r 個の数の積

例題

3個の数字 1, 2, 3 から，重複を許して 4 個選んでできる 4 けたの整数は何個ありますか。

(解答) 異なる 3 個から 4 個取る重複順列であるから， ← ①
　　　　求める整数の個数は

$$3^4 = 81 \text{（個）} ← ②$$
↑
4^3 としないように注意

考えかた

① 異なる 3 個から選ぶの
で $n=3$，4 個選ぶので
$r=4$ と考える。

② 重複順列の総数の公式
n^r にあてはめる。

14

練 習 問 題

1 次の空らんをうめなさい。

(1) 5 個の文字 a，b，c，d，e から，異なる 3 個を取る順列の総数は

$$_5P_{ア}\boxed{}=5\cdot4\cdot3=\ ^{イ}\boxed{}\text{（通り）}$$

(2) 5 個の文字 a，b，c，d，e から，重複を許して 3 個を取る重複順列の総数は

$$^{ア}\boxed{}^{3}=\ ^{イ}\boxed{}\text{（通り）}$$

2 次の問いに答えなさい。

(1) 6 個の数字 1，2，3，4，5，6 から，重複を許して 3 個選んでできる 3 けたの整数は何個ありますか。

(2) ○か×かで答える問題が 5 問あるアンケートの答え方は何通りありますか。

POINT

順列のまとめ

・順列
　異なる n 個のものから異なる r 個を取り出して 1 列に並べる
　　　総数は　$_nP_r$
・円順列
　異なる n 個のものを円形に並べる
　　　総数は　$(n-1)!$
・重複順列
　異なる n 個のものから重複を許して r 個取り出して 1 列に並べる
　　　総数は　n^r

7 組合せ

1 組合せ

4 個の文字 a, b, c, d から異なる 3 個を取り出すと, 次のような 4 通りの組ができます。

$$a \, b \, c \quad\quad a \, b \, d \quad\quad a \, c \, d \quad\quad b \, c \, d$$

同じように, 異なる n 個のものから異なる r 個を取り出してできる組を, n 個から r 個取る **組合せ** といい, その総数を ${}_nC_r$ で表します。

上の例からわかるように, ${}_4C_3 = 4$ が成り立ちます。

上の 4 つの組からは, それぞれ 3! 通りずつの
順列が得られます。また, それらの全体は,
4 個から 3 個取る順列に一致します。

←たとえば, a b c の組からは,
a b c　a c b　b a c　b c a　c a b　c b a
の 6 通り (=3! 通り) の順列ができる

よって, 4 個から 3 個取る組合せの総数 ${}_4C_3$ について, 次のことがいえます。

$${}_4C_3 \times 3! = {}_4P_3 \quad\quad \text{すなわち} \quad\quad {}_4C_3 = \frac{{}_4P_3}{3!} = \frac{4 \cdot 3 \cdot 2}{3 \cdot 2 \cdot 1} = 4$$

一般に, n 個から r 個取る組合せの総数 ${}_nC_r$ について, 次の **1** が成り立ちます。

また, n 個から r 個取ることは, 取らない $(n-r)$ 個を選ぶことと同じです。

したがって, 次の **2** が成り立ちます。

 重要!

1 $\quad {}_nC_r = \dfrac{{}_nP_r}{r!} = \dfrac{n(n-1)(n-2)\cdots\cdots(n-r+1)}{r(r-1)(r-2)\cdots\cdots 3 \cdot 2 \cdot 1}$

←分母・分子とも r 個の数の積

2 $\quad {}_nC_r = {}_nC_{n-r}$

注　${}_nC_0 = 1$ と定めると, **2** は $r = 0$, n の場合にも成り立ちます。

例　${}_6C_2 = \dfrac{6 \cdot 5}{2 \cdot 1} = 15$, 　${}_6C_4 = \dfrac{6 \cdot 5 \cdot 4 \cdot 3}{4 \cdot 3 \cdot 2 \cdot 1} = 15 = {}_6C_2$

例題

異なる 8 冊の本から, 5 冊を選ぶ方法は何通りありますか。

解答　8 個から 5 個取る組合せであるから

$$\boxed{1} \to \quad {}_8C_5 = {}_8C_{8-5} \quad \boxed{2}$$

$$= {}_8C_3 = \frac{8 \cdot 7 \cdot 6}{3 \cdot 2 \cdot 1} = 56 \ (\text{通り})$$

考えかた

1 組合せの総数の公式
${}_nC_r$ にあてはめる。

2 計算が簡単になるように, ${}_nC_r = {}_nC_{n-r}$ を使う。

練 習 問 題

1 次の空らんをうめなさい。

(1) 5個の文字 a, b, c, d, e から 2個取る組合せの総数は

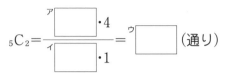

$$_5C_2 = \frac{\boxed{} \cdot 4}{\boxed{} \cdot 1} = \boxed{} \text{(通り)}$$

(2) 正六角形の 6個の頂点から 3個を選んで三角形をつくる。
このとき, 3個の点を 1組決めると, 1つの三角形ができる。
よって, できる三角形の個数は

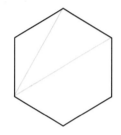

$$_{\boxed{}}C_{\boxed{}} = \frac{6 \cdot 5 \cdot 4}{3 \cdot 2 \cdot 1} = \boxed{} \text{(個)}$$

2 次の問いに答えなさい。

(1) 7個の数字 1, 2, 3, 4, 5, 6, 7 から, 異なる 5個を選んでできる組は何通りありますか。

(2) 円周上に異なる 8個の点がある。この中の 4個の点を結んでできる四角形は何個ありますか。ただし, 回転して一致する四角形も, 異なる四角形として数えるものとする。

8 組合せの利用

1 組合せの利用

例題 1

男子 5 人から 2 人，女子 6 人から 2 人を選んで 4 人の組をつくるとき，4 人の選び方は何通りありますか。

（解答）　男子 5 人から 2 人を選ぶ方法は

$$_5C_2 = \frac{5 \cdot 4}{2 \cdot 1} = 10 \text{（通り）} \quad \leftarrow \boxed{1}$$

女子 6 人から 2 人を選ぶ方法は

$$_6C_2 = \frac{6 \cdot 5}{2 \cdot 1} = 15 \text{（通り）} \quad \leftarrow \boxed{1}$$

よって，求める総数は，積の法則により

$$10 \times 15 = 150 \text{（通り）} \quad \leftarrow \boxed{2}$$

考えかた

$\boxed{1}$ 男子から選ぶ組合せと，女子から選ぶ組合せをそれぞれ考える。

$\boxed{2}$ 積の法則を使う。

例題 2

6 人を次のように分けるとき，分け方は何通りありますか。

(1)　A，B の 2 つの部屋に，3 人ずつ分ける。

(2)　3 人ずつの 2 組に分ける。

（解答）　(1)　組の区別がある。　$\leftarrow \boxed{1}$

6 人から，A に入る 3 人を選ぶ方法は

$$_6C_3 = \frac{6 \cdot 5 \cdot 4}{3 \cdot 2 \cdot 1} = 20 \text{（通り）} \quad \leftarrow \boxed{2}$$

このとき，残りの 3 人は B に入るから，B に入る 3 人を選ぶ方法は　　1 通り　$\leftarrow \boxed{3}$

よって，求める総数は　　$20 \times 1 = 20 \text{（通り）}$

(2)　組の区別がない。　$\leftarrow \boxed{1}$

(1)で求めた分け方で，A，B の区別をなくすと，同じ分け方になるものがそれぞれ 2 通りずつある。

$\uparrow \boxed{4}$

よって，求める総数は　　$20 \div 2 = 10 \text{（通り）}$

考えかた

$\boxed{1}$ 組の区別があるかないかを確認する。

$\boxed{2}$ 1 つの組についての選び方の総数を求める。

$\boxed{3}$ もう 1 つの組についての選び方の総数を求める。

$\boxed{4}$ 組の区別がない場合は，同じ分け方になるものを除く。

練 習 問 題

1 男子部員4人，女子部員5人の計9人からなるサークルについて，次の空らんをうめなさい。

(1) 男子から2人，女子から3人の計5人を選ぶ。

男子2人の選び方は ${}_{ア}\boxed{}C_2={}^{イ}\boxed{}$ （通り）

女子3人の選び方は ${}_{ウ}\boxed{}C_3={}^{エ}\boxed{}$ （通り）

よって，5人の選び方は ${}^{イ}\boxed{}\times{}^{エ}\boxed{}={}^{オ}\boxed{}$ （通り）

(2) 9人を3人の組Aと6人の組Bに分ける。

Aに入る3人が決まると，Bに入る6人も決まるから，分け方の総数は

$${}_{ア}\boxed{}C_{イ}\boxed{}={}^{ウ}\boxed{}$$ （通り）

2 6人を次のように分けるとき，分け方は何通りありますか。

(1) A，B，Cの3つの部屋に，2人ずつ分ける。

HINT

(1) A，B，Cの部屋に分けるから，組の区別がある。
(2) 同じ人数の3組に分けるから，組の区別がない。

(2) 2人ずつの3組に分ける。

9 同じものを含む順列

1 同じものを含む順列

5 個の文字 a，b，c，d，e の順列の総数 $_5P_5$ は，5 個の文字が入る 5 つの箱を並べて，次のように考えることができます。

a が入る 1 つの箱を選ぶ。	残りから b が入る 1 つの箱を選ぶ。	‥‥‥	残りの 1 つの箱に e を入れる。
5 通り	**4 通り**	‥‥‥	**1 通り**

同じように考えると，5 個の文字 a，a，b，b，b の順列の総数は，次のようになります。

2 個の a が入る 2 つの箱を選ぶ。	残りの 3 つの箱に 3 個の b を入れる。
$_5C_2$ **通り**	**1 通り**

したがって，順列の総数は $_5C_2 \times 1 = \dfrac{5 \cdot 4}{2 \cdot 1} \times 1 = 10$ （通り）

このように，同じものを含む順列の総数は，組合せを利用して求めることができます。

例題

ある町には，右の図のような道がある。
地点 P から地点 Q まで行く最短の道順は
何通りありますか。

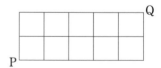

(解答) 右へ 1 区画進むことを →，
上へ 1 区画進むことを ↑
で表す。
P から Q まで行く最短の道順は，5 個の → と 2 個の
↑ の順列で表される。 ← ①
よって，道順の総数は，7 個から 5 個取る組合せの
総数に等しいから ← ②

$$_7C_5 = _7C_2 = \dfrac{7 \cdot 6}{2 \cdot 1} = 21 \text{（通り）}$$

考えかた

① 最短で行くには，上と右へそれぞれ何区画ずつ進めばよいかを確認する。

② 5 個の ↑ と 2 個の → の並べ方を，同じものを含む順列として考える。

1 5個の文字 a，a，b，b，c を1列に並べる順列の総数について，次の空らんをうめなさい。

a を並べる2個の場所の選び方は

$$_{ア}\boxed{}C_2 = \frac{5 \cdot {}^{イ}\boxed{}}{2 \cdot 1} = {}^{ウ}\boxed{} \text{（通り）}$$

残りの3個の場所から，b を並べる2個の場所の選び方は

$$_3C_2 = {}^{エ}\boxed{} \text{（通り）}$$

a，b を並べる場所が決まると，c を並べる場所は決まる。

よって，求める総数は $\quad {}^{ウ}\boxed{} \times {}^{エ}\boxed{} = {}^{オ}\boxed{} \text{（通り）}$

2 次の問いに答えなさい。

(1) 4個の○と2個の×を1列に並べてできる順列の総数を求めなさい。

(2) 6個の数字 1，1，1，2，2，3 を全部使ってできる6けたの整数は何個ありますか。

同じものをふくむ順列の総数
一般に，a が p 個，b が q 個，c が r 個あるとき，それら全部を1列に並べてできる順列の総数は，

$$\frac{n!}{p!q!r!}$$

ただし，$p+q+r=n$

10 事象と確率

1 試行と事象

「1 個のさいころを投げる」のように，その結果が偶然によって決まる実験や観測を **試行** といい，試行の結果として起こることがらを **事象** といいます。

ある試行において，起こりうる場合全体を集合 U で表すとき，U 自身で表される事象を **全事象** といい，U のただ 1 つの要素からなる集合で表される事象を **根元事象** といいます。

2 確率

1 個のさいころを投げる試行において，1〜6 の各目が出る根元事象のように，起こること が同程度に期待できる根元事象は **同様に確からしい** といいます。

このような試行において，起こりうるすべての場合の数を N，事象 A の起こる場合の数を a とするとき，$\dfrac{a}{N}$ を事象 A の **確率** といい，$P(A)$ で表します。

重要！ $P(A) = \dfrac{\text{事象 } A \text{ の起こる場合の数}}{\text{起こりうるすべての場合の数}} = \dfrac{a}{N}$

← 全事象を U とすると，事象 U, A の要素の個数 $n(U)$, $n(A)$ を用 いて，$P(A) = \dfrac{n(A)}{n(U)}$ とも表せる

例題

赤玉 4 個，白玉 2 個が入った袋から同時に 2 個の玉を取り出すとき，2 個とも赤玉が出る 確率を求めなさい。

解答　6 個の玉から 2 個を取り出す方法は

$$_6C_2 = \frac{6 \cdot 5}{2 \cdot 1} = 15 \text{（通り）} \quad \boxed{1}$$

このうち，2 個とも赤玉が出る場合は

$$_4C_2 = \frac{4 \cdot 3}{2 \cdot 1} = 6 \text{（通り）} \quad \boxed{2}$$

よって，求める確率は $\quad \dfrac{6}{15} = \dfrac{2}{5} \quad \boxed{3}$

考えかた

$\boxed{1}$ 起こりうるすべての場合の数 N を求める。

$\boxed{2}$ 問われている事象 A の起こる場合の数 a を求める。

$\boxed{3}$ 確率の定義 $P(A) = \dfrac{a}{N}$ にあてはめる。

1　大小2個のさいころを同時に投げるとき，次の空らんをうめて，目の積が奇数になる確率を求めなさい。

2個のさいころの目の出方は　　6×6＝36（通り）

目の積が奇数になるのは，2個のさいころの目がともに奇数になる場合であるから

$$\overset{ア}{\boxed{}} \times \overset{イ}{\boxed{}} = \overset{ウ}{\boxed{}} \text{（通り）}$$

よって，求める確率は

$$\frac{\overset{ウ}{\boxed{}}}{36} = \overset{エ}{\boxed{}}$$

大＼小	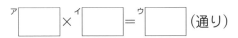					
	1	2	3	4	5	6
	2	4	6	8	10	12
	3	6	9	12	15	18
	4	8	12	16	20	24
	5	10	15	20	25	30
	6	12	18	24	30	36

2　赤玉4個，白玉3個，青玉2個が入った袋から同時に3個の玉を取り出すとき，次の確率を求めなさい。

(1)　すべて赤玉が出る確率

HINT

3個の玉の取り出し方は，9個から3個取る組合せと考えることができる。

(2)　白玉2個，青玉1個が出る確率

(3)　すべての色の玉が出る確率

11 確率の基本性質

1 確率の基本性質

事象 A, B に対して「A が起こり，かつ B が起こる」という事象を A と B の 積事象 といい，$A \cap B$ で表します。

また，「A または B が起こる」という事象を A と B の 和事象 といい，$A \cup B$ で表します。

2 つの事象 A, B が同時には起こらないとき，事象 A, B は互いに 排反 であるといいます。たとえば，1 個のさいころを投げる試行において，「1 の目が出る」事象と「偶数の目が出る」事象は，互いに排反です。これは，集合について $A \cap B = \varnothing$ となることと同じです。空集合 $\varnothing$ で表される事象を 空事象 といいます。

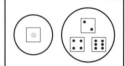

重要!　**1** 　事象 A, 全事象 U, 空事象 $\varnothing$ について　$0 \leqq P(A) \leqq 1$, $P(U)=1$, $P(\varnothing)=0$

　　　　2 　確率の加法定理　事象 A, B が互いに排反のとき　$P(A \cup B)=P(A)+P(B)$

2 余事象の確率

事象 A に対して「A が起こらない」という事象を A の 余事象 といい，$\overline{A}$ で表します。

余事象の確率について，次のことが成り立ちます。

重要!　　　　　$P(A)+P(\overline{A})=1$　　　すなわち　　　$P(\overline{A})=1-P(A)$

例題

赤玉 3 個と白玉 4 個が入った袋から同時に 2 個の玉を取り出すとき，同じ色の玉が出る確率を求めなさい。

解答　同じ色の玉が出るという事象は，

　　　A：2 個とも赤玉が出る　　B：2 個とも白玉が出る

　　という 2 つの事象 A, B の和事象である。　←

　　　　$P(A)=\dfrac{{}_3C_2}{{}_7C_2}=\dfrac{1}{7}$　　　$P(B)=\dfrac{{}_4C_2}{{}_7C_2}=\dfrac{2}{7}$　←[2]

　　A, B は互いに排反であるから，求める確率は

　　　　$P(A)+P(B)=\dfrac{1}{7}+\dfrac{2}{7}=\dfrac{3}{7}$　　[3]

考えかた

[1] 「同じ色の玉が出る」とは具体的にどういう事象かを整理する。

[2] それぞれの事象の確率を求める。

[3] 2 つの事象が互いに排反であることを確かめて，確率の加法定理を使う。

1 硬貨を4回投げるとき，次の空らんをうめて，少なくとも1回は表が出る確率を求めなさい。

硬貨の表と裏の出方は

$$2 \times 2 \times 2 \times 2 = 16 \,（通り）$$

「少なくとも1回表が出る」という事象は，

「ア[　　　]回とも裏が出る」という事象の

余事象である。

ア[　　　]回とも裏が出る確率は　イ[　　　]

よって，求める確率は

$$1 - {}^{イ}[\quad] = {}^{ウ}[\quad]$$

表	裏
4回	0回
3回	1回
2回	2回
1回	3回
0回	4回

少なくとも1回
は表が出る

「少なくとも～」の確率
余事象を考える。
$$P(\overline{A}) = 1 - P(A)$$

2 次の問いに答えなさい。

(1) 赤玉5個と白玉3個が入った袋から同時に3個の玉を取り出すとき，3個とも同じ色の玉が出る確率を求めなさい。

(2) 大小2個のさいころを同時に投げるとき，異なる目が出る確率を求めなさい。

12 独立な試行の確率

1 独立な試行

たとえば，「1枚の硬貨を投げる」試行と
「1個のさいころを投げる」試行
において，「硬貨の表裏の出方」と
「さいころの目の出方」
は，互いに影響を与えません。

← 硬貨の表が出ると，さいころの
1の目が出やすくなる，などと
いうことは起こらない

このように，いくつかの試行において，どの試行の結果も他の試行の結果に影響を与えないとき，これらの試行は 独立 であるといいます。

2 独立な試行の確率

独立な試行の確率について，次のことが成り立ちます。

> **重要!** 2つの試行 S，T が独立であるとき，S では事象 A が起こり，T では事象 B が起こる確率は
> $$P(A)P(B)$$

独立な3つ以上の試行についても，上と同様なことが成り立ちます。

例題

青玉3個と白玉4個が入った袋Aと，青玉4個と白玉2個が入った袋Bがある。それぞれの袋から玉を1個ずつ取り出すとき，ともに青玉が出る確率を求めなさい。

（解答） 袋Aから玉を取り出す試行と袋Bから玉を取り出す試行は独立である。 ←

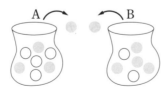

袋Aから青玉が出る確率は $\dfrac{3}{7}$ ← 2

袋Bから青玉が出る確率は $\dfrac{4}{6}=\dfrac{2}{3}$ ← 2

よって，求める確率は $\dfrac{3}{7}\times\dfrac{2}{3}=\dfrac{2}{7}$ ← 3

考えかた

1 2つの試行が独立であることを確かめる。

2 それぞれの事象の確率を求める。

3 独立な試行の確率の公式 $P(A)P(B)$ にあてはめる。

練 習 問 題

1 1枚の硬貨と1個のさいころを投げるとき，次の空らんをうめて，硬貨は表が出て，さいころは2以上の目が出る確率を求めなさい。

硬貨を投げる試行と，さいころを投げる試行は ^ア☐ である。

1枚の硬貨を投げて，表が出る確率は ^イ☐

1個のさいころを投げて，2以上の目が出る確率は ^ウ☐

よって，求める確率は

2 赤玉5個と白玉3個が入った袋Aと，赤玉4個と白玉4個が入った袋Bがある。次の確率を求めなさい。

(1) 袋Aから1個，袋Bから1個の玉を取り出すとき，ともに赤玉が出る確率

(2) 袋Aから1個，袋Bから2個の玉を取り出すとき，すべて白玉が出る確率

13 反復試行の確率

1 反復試行の確率

さいころをくり返し投げる場合のように，1つの試行を同じ条件で何回かくり返すとき，各回の試行は互いに独立です。

このようにくり返し行う試行を 反復試行 といいます。

1枚の硬貨をくり返し3回投げる試行は反復試行です。

この反復試行における硬貨の表裏の出方は，右の表のようになり，たとえば，表がちょうど2回出る場合は，$_3C_2 = 3$（通り）あります。

1回目	2回目	3回目
表	表	表
表	表	裏
表	裏	表
表	裏	裏
裏	表	表
裏	表	裏
裏	裏	表
裏	裏	裏

3回のうち
ちょうど2回
表が出る場合

したがって，表がちょうど2回出る確率は

表が2回出る確率　$\dfrac{1}{2} \times \dfrac{1}{2} = \left(\dfrac{1}{2}\right)^2$ に

裏が1回出る確率　$\dfrac{1}{2}$　　　　を

掛けたものの $_3C_2$ 倍です。

一般に，反復試行の確率について，次のことが成り立ちます。

> 重要！ 1回の試行で事象Aが起こる確率をpとする。
>
> 　この試行をn回行う反復試行で，事象Aがちょうどr回起こる確率は
> $$_nC_r\,p^r(1-p)^{n-r}$$

注　$r=0$ のときの確率は $(1-p)^n$，$r=n$ のときの確率は p^n となります。

例題

1個のさいころを5回投げるとき，偶数の目がちょうど2回出る確率を求めなさい。

解答　1個のさいころを投げるとき，偶数の目が出る確率

は $\dfrac{3}{6} = \dfrac{1}{2}$ ← 1

よって，求める確率は

$$_5C_2\left(\dfrac{1}{2}\right)^2\left(1-\dfrac{1}{2}\right)^{5-2} = 10 \cdot \left(\dfrac{1}{2}\right)^2 \cdot \left(\dfrac{1}{2}\right)^3 = \dfrac{5}{16}$$ ← 2

考えかた

1 1回の試行において，偶数の目が出る確率pを求める。

2 反復試行の確率の公式 $_nC_r\,p^r(1-p)^{n-r}$ にあてはめる。

1 1枚の硬貨を4回投げる。次の空らんをうめて，表と裏がちょうど2回ずつ出る確率を求めなさい。

1枚の硬貨を投げるとき，表が出る確率は　$\dfrac{1}{2}$

よって，求める確率は

$$_4\text{C}_2\left(\frac{1}{2}\right)^2\left(^{\text{ア}}\boxed{}-\frac{1}{2}\right)^{4-2}=^{\text{イ}}\boxed{}\cdot\left(\frac{1}{2}\right)^4=^{\text{ウ}}\boxed{}$$

2 赤玉4個と白玉2個が入った袋から玉を1個取り出し，色を見てから袋に戻す。この操作をくり返し5回行うとき，次の確率を求めなさい。

(1) 赤玉がちょうど4回出る確率

(2) 赤玉が4回以上出る確率

HINT

赤玉が4回以上出るという事象は，赤玉が
・ちょうど4回出る事象
・5回とも出る事象
の和事象であり，これらの事象は互いに排反である。

14 条件付き確率

1 条件付き確率

袋の中に，1 から 5 までの番号が書かれた青玉と，1 から 3 までの
番号が書かれた白玉が入っています。

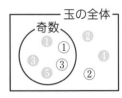

この中から玉を 1 個取り出すとき，奇数の玉である確率は $\dfrac{5}{8}$ です。

一方，取り出した玉が青玉であるとわかったとき，それが奇数の玉

である確率は $\dfrac{3}{5}$ になります。

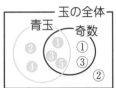

一般に，事象 A が起こったという条件のもとで事象 B が起こる確率

を，A が起こったときの B が起こる 条件付き確率 といい，

$P_A(B)$ で表します。条件付き確率 $P_A(B)$ は，次の式で計算することができます。

重要！

$$P_A(B) = \frac{n(A \cap B)}{n(A)}$$

←$A \cap B$ は，A と B の積事象

2 確率の乗法定理

上の式において，全事象を U とし，右辺の分子と分母をそれぞれ $n(U)$ で割ると，

$P_A(B) = \dfrac{P(A \cap B)}{P(A)}$ となることから，次の 確率の乗法定理 が成り立ちます。

重要！　確率の乗法定理　　$P(A \cap B) = P(A)P_A(B)$

　例 題

当たりが 2 本入った 5 本のくじを，引いたくじはもとに戻さずに 2 本引く。1 本目がはず
れのとき，2 本目が当たる確率を求めなさい。

(解答)　1 本目がはずれという事象を A，2 本目が当たりと

いう事象を B とする。求める確率は，A が起こった

ときの B が起こる条件付き確率である。　←1

1 本目がはずれのとき，4 本のくじの中に 2 本の当

たりがあるから　　　$P_A(B) = \dfrac{2}{4} = \dfrac{1}{2}$　　2

考えかた

1 「A が起こったときに
B が起こる」にあてはまる
ように，事象 A, B を定
める。

2 条件付き確率 $P_A(B)$
の計算式にあてはめる。

練 習 問 題

1 当たりくじが 3 本入った 10 本のくじを，引いたくじはもとに戻さずに，A，B の順に 1 本ずつ引く。次の空らんをうめて，A，B がともに当たりくじを引く確率を求めなさい。

A が当たりくじを引くという事象を A，B が当たりくじを引くという事象を B とすると，A，B がともに当たりくじを引くという事象は $A \cap B$ である。

$$P(A) = \boxed{}^{ア}$$

$$P_A(B) = \boxed{}^{イ}$$

求める確率は，確率の乗法定理により

$$P(A \cap B) = P(A)P_A(B) = \boxed{}^{ア} \times \boxed{}^{イ} = \boxed{}^{ウ}$$

2 赤玉 7 個と白玉 5 個が入った袋から玉を 1 個取り出し，玉をもとに戻さずにもう 1 個の玉を取り出す。このとき，次の確率を求めなさい。

(1) 1 回目に赤玉が出たとき，2 回目に赤玉が出る確率

(2) 2 回とも赤玉が出る確率

(3) 赤玉，白玉の順に出る確率

15 いろいろな確率の計算

1 いろいろな確率の計算

複雑な事象の確率も，事象を整理すると，これまでに学んだ確率の加法定理や，確率の乗法定理などを用いて計算することができます。

> **重要!** 確率の加法定理　事象 A，B が互いに排反のとき　$P(A \cup B) = P(A) + P(B)$
> 　　　　確率の乗法定理　　　$P(A \cap B) = P(A) P_A(B)$

例 題

当たりが 3 本入った 10 本のくじを，引いたくじはもとに戻さずに 2 本引く。このとき，2 本目が当たる確率を求めなさい。

考えかた

[1]「2 本目が当たる」とは具体的にどういう事象かを整理する。

[2] 確率の乗法定理を使って，それぞれの事象の確率を求める。

[3] 2 つの事象が互いに排反であることを確かめて，確率の加法定理を使う。

解 答

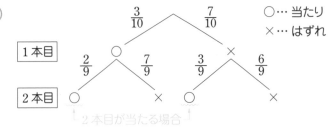

2 本目が当たるという事象は，次の 2 つの事象の和事象である。

[1]　1 本目が当たり，2 本目も当たる場合　←[1]

　　その確率は　　$\dfrac{3}{10} \times \dfrac{2}{9}$　←[2]

　　2 本目を引くとき，9 本の中に当たりくじは 2 本

[2]　1 本目がはずれ，2 本目が当たる場合　←[1]

　　その確率は　　$\dfrac{7}{10} \times \dfrac{3}{9}$　←[2]

　　2 本目を引くとき，9 本の中に当たりくじは 3 本

[1]，[2] は互いに排反であるから，2 本目が当たる

確率は　　$\dfrac{3}{10} \times \dfrac{2}{9} + \dfrac{7}{10} \times \dfrac{3}{9} = \dfrac{27}{90} = \dfrac{3}{10}$　←[3]

注 この例題の結果から，引いたくじをもとに戻さないくじ引きでも，当たる確率は引く順番に関係なく等しくなることがわかります。

1 当たりくじが2本入った8本のくじを，引いたくじはもとに戻さずに，A，Bの順に1本ずつ引く。次の空らんをうめて，Bが当たりくじを引く確率を求めなさい。

Bが当たるという事象は，次の2つの事象の和事象である。

[1] Aが当たり，Bも当たる場合

その確率は $\dfrac{2}{8} \times$ ^ア☐

[2] Aがはずれ，Bは当たる場合

その確率は $\dfrac{6}{8} \times$ ^イ☐

[1]，[2] は互いに排反であるから，Bが当たる確率は

$$\dfrac{2}{8} \times {}^{ア}\boxed{} + \dfrac{6}{8} \times {}^{イ}\boxed{} = \dfrac{{}^{ウ}\boxed{}}{56} = {}^{エ}\boxed{}$$

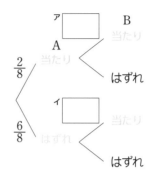

2 赤玉4個と白玉2個が入った袋Aと，赤玉3個と白玉3個が入った袋Bがある。Aから玉を1個取り出してBに入れた後，Bから玉を1個取り出すとき，それが赤玉である確率を求めなさい。

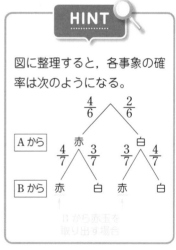

HINT

図に整理すると，各事象の確率は次のようになる。

16 期待値

1 期待値

100 本のくじがあり，その賞金と本数は，右の表のように
なっています。

このとき，くじ 1 本あたりの賞金の平均額は

$$\frac{0 \times 75 + 500 \times 20 + 1000 \times 5}{100} = 150 \,(円)$$

になります。

くじ	賞金	本数
1 等	1000 円	5
2 等	500 円	20
はずれ	0 円	75
計		100

この平均は，次のように，各賞金の額とその賞金額
のくじが当たる確率を掛けたものの和の形と考える
ことができます。

賞金額	0	500	1000	計
確率	$\frac{75}{100}$	$\frac{20}{100}$	$\frac{5}{100}$	1

$$0 \times \frac{75}{100} + 500 \times \frac{20}{100} + 1000 \times \frac{5}{100}$$

一般に，ある試行によって定まる値 X がいくつかの値 x_1, x_2, ……, x_n のどれかをとり，
それぞれの値をとる確率が p_1, p_2, ……, p_n であるとき，

$$x_1 p_1 + x_2 p_2 + \cdots\cdots + x_n p_n$$

を，X の 期待値 といいます。

> **重要!**
>
> | X（値） | x_1 | x_2 | …… | x_n | 計 |
> |---|---|---|---|---|---|
> | P（確率） | p_1 | p_2 | …… | p_n | 1 |
>
> このとき，X の期待値は
>
> $$x_1 p_1 + x_2 p_2 + \cdots\cdots + x_n p_n$$

例題

1 枚の硬貨を 3 回投げるとき，表の出る回数の期待値を求めなさい。

解答 表の出る回数は 0，1，2，3 で，それぞれの確率は，
下の表のようになる。

回数	0	1	2	3	計
確率	$\frac{1}{8}$	$\frac{3}{8}$	$\frac{3}{8}$	$\frac{1}{8}$	1

←

よって，求める期待値は

$$0 \times \frac{1}{8} + 1 \times \frac{3}{8} + 2 \times \frac{3}{8} + 3 \times \frac{1}{8} = \frac{3}{2} \,(回)$$ ←2

考えかた

1 表の出る回数のそれぞ
れの場合について，確率を
求める。

2 期待値の定義
$x_1 p_1 + x_2 p_2 + \cdots\cdots + x_n p_n$
にあてはめる。

練 習 問 題

1 次の空らんをうめなさい。

100円から10000円までの商品券が必ず当たるくじが
あり，商品券の金額とくじの本数は，右の表のように
なっている。

くじ	金額	本数
1等	10000円	2
2等	5000円	5
3等	1000円	10
4等	100円	83

このくじは，全部で $\overset{ア}{\boxed{}}$ 本ある。

このくじを1本引くとき，商品券の金額の期待値は，

$$100 \times \dfrac{\overset{イ}{\boxed{}}}{100} + 1000 \times \dfrac{\overset{ウ}{\boxed{}}}{100} + 5000 \times \dfrac{\overset{エ}{\boxed{}}}{100} + 10000 \times \dfrac{\overset{オ}{\boxed{}}}{100} = \overset{カ}{\boxed{}} \ (円)$$

2 次の問いに答えなさい。

(1) 2枚の硬貨を同時に投げるとき，表の出る枚数の期待値を求めなさい。

(2) 赤玉4個，白玉5個が入った袋から同時に玉を2個取り出すとき，白玉が出る個数の期待値を求めなさい。

確認テスト

1 　**50 以下の自然数について，次のような数の個数を求めなさい。**

　⑴　3 の倍数かつ 7 の倍数

　⑵　3 の倍数または 7 の倍数

2 　**6 個の数字 0，1，2，3，4，5 から，異なる 4 個の数字を選んで 4 けたの整数をつくる。次の問いに答えなさい。**

　⑴　整数は全部で何個できますか。

　⑵　千の位と一の位がともに奇数である整数は何個できますか。

3 　**正八角形の対角線は何本ありますか。**

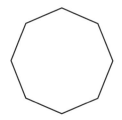

4 赤玉 4 個と白玉 5 個が入った袋から同時に 3 個の玉を取り出すとき，少なくとも 1 個は赤玉が出る確率を求めなさい。

5 1 個のさいころを 5 回投げるとき，2 以下の目がちょうど 3 回出る確率を求めなさい。

6 赤玉 5 個と白玉 3 個が入った袋 A と，赤玉 4 個と白玉 2 個が入った袋 B がある。A から玉を 1 個取り出して B に入れた後，B から玉を 2 個取り出すとき，2 個の玉の色が異なる確率を求めなさい。

7 100 円硬貨と 10 円硬貨を 1 枚ずつ投げるとき，表の出た硬貨の合計金額の期待値を求めなさい。

17 平面図形の基本的な性質

1 図形と角

図形と角の基本的な性質には，次のようなものがあります。

重要! **対頂角**　　対頂角は等しい。

平行線と角　平行な2直線に1つの直線が交わるとき

[1]　同位角は等しい。　　　　　　[2]　錯角は等しい。

三角形の角　[1]　三角形の3つの内角の和は 180°

である。

[2]　三角形の1つの外角は，それと隣り

合わない2つの内角の和に等しい。

●＋○＋×＝180°

2 三角形の合同条件と相似条件

三角形の合同条件と相似条件も，いろいろな図形の性質の証明などに用いられる重要な性質です。

重要! **三角形の合同条件**

2つの三角形は，次のどれかが成り立つとき合同である。

[1]　3組の辺 がそれぞれ等しい。

[2]　2組の辺とその間の角 がそれぞれ等しい。

[3]　1組の辺とその両端の角 がそれぞれ等しい。

三角形の相似条件

2つの三角形は，次のどれかが成り立つとき相似である。

[1]　3組の辺の比 がすべて等しい。

[2]　2組の辺の比とその間の角 がそれぞれ等しい。

[3]　2組の角 がそれぞれ等しい。

練 習 問 題

1　次の空らんをうめなさい。

(1)　右の図において，$\ell \mathbin{/\mkern-4mu/} m$ であるとき

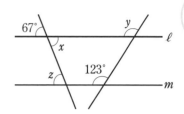

$\angle x =$ ^ア ☐ °

$\angle y =$ ^イ ☐ °

$\angle z =$ ^ウ ☐ °

(2)　右の図の △ABC において

$\angle x =$ ^ア ☐ °

また，△DEF において

$\angle y =$ ^イ ☐ °

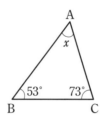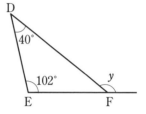

2　右の図において，**△ABC∽△DEF である。**

(1)　∠ABC の大きさを求めなさい。

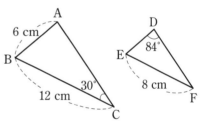

(2)　辺 DE の長さを求めなさい。

相似な図形の性質
[1]　対応する辺の長さ
　　の比はすべて等しい。
[2]　対応する角の大き
　　さはそれぞれ等しい。

比の性質
$a : b = c : d$ ならば
　$ad = bc$

18 三角形と線分の比

1 三角形と線分の比

三角形と線分の比については，次のことが成り立ちます（**1** と **2** は逆も成り立ちます）。

> **重要!** △ABC の辺 AB，AC またはそれらの延長上にそれぞれ点 P，Q があるとき
>
> **1** PQ∥BC ならば
>
> $$AP:AB=AQ:AC$$
>
> **2** PQ∥BC ならば
>
> $$AP:PB=AQ:QC$$
>
> **3** PQ∥BC ならば
>
> $$AP:AB=PQ:BC$$

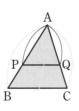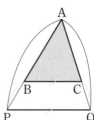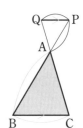

2 線分の内分と外分

m，n は正の数とします。線分 AB 上に点Pがあり，

$$AP:PB=m:n$$

であるとき，点Pは線分 AB を $m:n$ に 内分する といいます。

また，m，n は異なる正の数とします。

線分 AB の延長上に点Qがあり，

$$AQ:QB=m:n$$

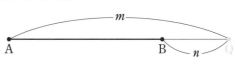

であるとき，点Qは線分 AB を $m:n$ に 外分する といいます。

例題

右の図の △ABC において，

BC＝8 cm，PQ＝6 cm，PQ∥BC

であるとき，点Pは，辺 AB をどのような比に
内分しますか。

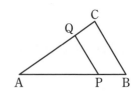

解答　PQ∥BC より　　AP：AB＝PQ：BC＝6：8＝3：4
　　　　　　　　　　　　　　　　　　①

であるから　　AP：PB＝3：1　←②

よって，点Pは，辺 AB を 3：1 に内分する。

考えかた

① PQ∥BC に注目して，三角形と線分の比の性質を使う。

② AP：PB の比を求める。

練 習 問 題

1 次の空らんをうめなさい。

(1) 右の図において，PQ∥BC であるとき

AQ：QC＝2：^ア☐

PQ：BC＝2：^イ☐

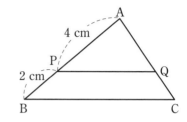

(2) 下の図において，線分 AB を

2：3 に内分する点は ^ア☐ ，4：1 に内分する点は ^イ☐

6：1 に外分する点は ^ウ☐ ，1：6 に外分する点は ^エ☐

2 次の図において，PQ∥AB であるとき，x の値を求めなさい。

(1)

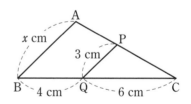

(2)

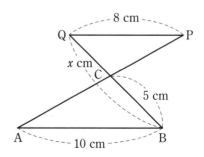

19 角の二等分線と比

1 角の二等分線と線分の比

三角形の内角の二等分線について，次のことが成り立ちます。

重要! △ABC の ∠A の二等分線と辺 BC の交点を D とすると

$$BD : DC = AB : AC$$

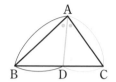

[証明] 右の図のように，C を通り AD に平行な直線と辺 AB の延長の交点を E とすると，

AD∥EC から　　∠BAD＝∠AEC　←同位角が等しい

∠CAD＝∠ACE　←錯角が等しい

よって，△ACE は AE＝AC の二等辺三角形であるから，

BD：DC＝BA：AE＝AB：AC　　[終]

三角形の外角の二等分線については，次のことが成り立ちます。

重要! AB≠AC である △ABC の ∠A の外角の二等分線と辺 BC の延長との交点を D とすると

$$BD : DC = AB : AC$$

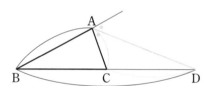

例題

右の図の △ABC において，AD は ∠A の二等分線，AE は ∠A の外角の二等分線である。
このとき，x，y の値を求めなさい。

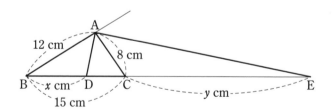

[解答]　　BD：DC＝12：8＝3：2　[1]

であるから　$x : (15-x) = 3 : 2$

$2x = 3(15-x)$　　$x = 9$　[2]

BE：EC＝12：8＝3：2　[1]

であるから　$(15+y) : y = 3 : 2$

$2(15+y) = 3y$　　$y = 30$　[2]

考えかた

[1] 角の二等分線と線分の比の性質が使える部分を探し，比例式を作る。

[2] $a : b = c : d \Rightarrow ad = bc$ の関係を使って，比例式を解く。

1 次の空らんをうめなさい。

(1) 右の図の △ABC において，AD が ∠A の

二等分線であるとき

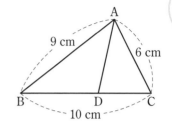

BD：DC＝3：^ア☐

BD＝^イ☐ cm

(2) 右の図の △ABC において，AD が ∠A の

外角の二等分線であるとき

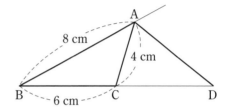

BD：DC＝2：^ア☐ であるから

BC：CD＝1：^イ☐

CD＝^ウ☐ cm，BD＝^エ☐ cm

2 右の図の △ABC において，AD は ∠A の二等分線であり，

BE は ∠B の二等分線である。

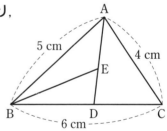

(1) 線分 BD の長さを求めなさい。

(2) AE：ED を求めなさい。

（最も簡単な整数の比の形で答えなさい）

20 三角形の外心

1 三角形の外心

△ABC において，辺 AB の垂直二等分線と辺 AC の垂直二等分線の交点を O とします。

このとき，OA＝OB，OA＝OC より，OB＝OC が成り立ちます。

したがって，O は辺 BC の垂直二等分線上にもあることがわかります。

一般に，三角形の 3 辺の垂直二等分線について，次のことが成り立ちます。

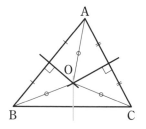

> 重要!　三角形の 3 辺の垂直二等分線は 1 点で交わる。

三角形の 3 頂点を通る円を，その三角形の 外接円 といい，外接円の中心を 外心 といいます。

三角形の外心は，3 辺の垂直二等分線が交わる点になります。

POINT

線分 AB の垂直二等分線上の点は，2 点 A，B から等距離にある。
逆も成り立つ。

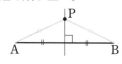

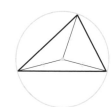

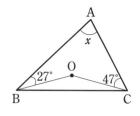

例題

右の図において，O は △ABC の外心である。
∠x の大きさを求めなさい。

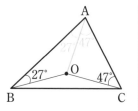

解答　O は外心であるから，

$$OA＝OB＝OC \quad ←\boxed{1}$$

OA＝OB であるから

$$∠OAB＝∠OBA＝27° \quad ←\boxed{2}$$

OA＝OC であるから

$$∠OAC＝∠OCA＝47° \quad ←\boxed{2}$$

よって　　∠x＝27°＋47°＝74°

考えかた

$\boxed{1}$「外心」から，O は三角形の 3 頂点から等距離にある点と考える。

$\boxed{2}$ O と A を結んで二等辺三角形をつくり，2 つの底角が等しいことを使う。

1 右の図において，O は △ABC の外心である。

次の空らんをうめなさい。

OA＝OB であるから

$$∠OAB＝\boxed{}^{ア}°$$

OA＝OC であるから

$$∠OAC＝\boxed{}^{イ}°$$

よって $∠BAC＝\boxed{}^{ウ}°$

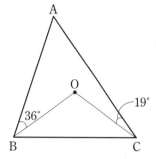

HINT

外心 O と三角形の各頂点
をそれぞれ直線で結んで
考える。

2 次の図において，O は △ABC の外心である。∠x の大きさを求めなさい。

(1)

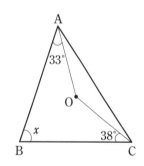

(2)

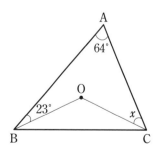

21 三角形の内心

1 三角形の内心

△ABC において，∠B の二等分線と ∠C の二等分線
の交点を I とします。

このとき，I から辺 BC，CA，AB に下ろした垂線を，
それぞれ ID，IE，IF とすると，

$$ID＝IF，ID＝IE より IE＝IF$$

が成り立ちます。

したがって，I は ∠A の二等分線上にもあることがわかります。

一般に，三角形の 3 つの角の二等分線について，次の
ことが成り立ちます。

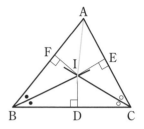

 三角形の 3 つの角の二等分線は 1 点で交わる。

三角形の 3 辺に接する円を，その三角形の 内接円 といい，
内接円の中心を 内心 といいます。

三角形の内心は，3 つの角の二等分線が交わる点になります。

POINT

∠ABC の二等分線上の
点は，2 辺 AB，BC か
ら等距離にある。
逆も成り立つ。

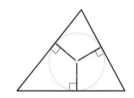

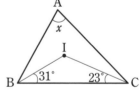

例題

右の図において，I は △ABC の内心である。
∠x の大きさを求めなさい。

（解答） I は内心であるから，BI，CI は
それぞれ ∠ABC，∠ACB の二
等分線である。 ←1

　∠IBA＝∠IBC＝31° から ←2

　　∠ABC＝31°×2＝62°

　∠ICA＝∠ICB＝23° から ←2

　　∠ACB＝23°×2＝46°

よって ∠x＝180°−(62°＋46°)＝72° ←3

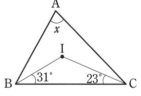

考えかた

1 「内心」から，I は三
角形の 3 つの角の二等分線
が交わる点と考える。

2 角の大きさが等しい部
分を見つける。

3 △ABC の内角の和か
ら，わかっている角の大き
さを引く。

練習問題

1 右の図において，I は ∠B＝70°，∠C＝54° である △ABC の内心である。
次の空らんをうめなさい。

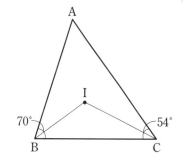

∠IBA＝∠IBC であるから

$$\angle \text{IBC}＝\frac{1}{2}\angle^{\text{ア}}\boxed{}＝^{\text{イ}}\boxed{}°$$

∠ICA＝∠ICB であるから

$$\angle \text{ICB}＝\frac{1}{2}\angle^{\text{ウ}}\boxed{}＝^{\text{エ}}\boxed{}°$$

よって　$\angle \text{BIC}＝180°－\left(^{\text{イ}}\boxed{}°＋^{\text{エ}}\boxed{}°\right)$

$$＝^{\text{オ}}\boxed{}°$$

2 次の図において，I は △ABC の内心である。∠x の大きさを求めなさい。

(1)

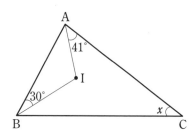

(2)

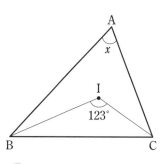

HINT

I は内心であるから，　∠IBA＝∠IBC，∠ICA＝∠ICB
また，∠IBC＋∠ICA は，△IBC の内角の和から求められる。

22 三角形の重心

1 三角形の重心

三角形の頂点とそれに向かい合う辺の中点を結んだ線分を 中線 といいます。

△ABC において，中線 AD，BE の交点をGとし，中線 AD，CF の交点を G′ とします。

このとき，中点連結定理により

$$AB:ED=2:1 \qquad AC:FD=2:1$$

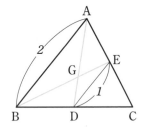 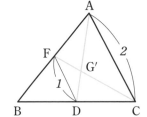

よって　　AG：GD＝AB：ED＝2：1

　　　　　AG′：G′D＝AC：FD＝2：1

GとG′は線分 AD を同じ比に内分する

したがって，GとG′は一致することがわかります。

一般に，三角形の3本の中線について，次のことが成り立ちます。

> **重要！** 三角形の3本の中線は1点で交わり，各中線を 2：1 に内分する。

三角形の3本の中線が交わる点を 重心 といいます。

POINT

中点連結定理
△ABC において，辺 AB の中点をM，辺 AC の中点をNとすると

$$MN \parallel BC, \quad MN = \frac{1}{2}BC$$

例題

△ABC の重心をGとする。また，Gを通り BC に平行な直線と辺 AB，AC との交点を，それぞれ P，Q とする。BC＝12 cm であるとき，線分 PG の長さを求めなさい。

解答　直線 AG と BC の交点をDとする。

Gは重心であるから　　AG：GD＝2：1　　①

よって　　AG：AD＝2：3

PG∥BD であるから

　PG：BD＝AG：AD＝2：3　　②

BD＝6 cm であるから

　PG：6＝2：3

よって，3PG＝12 から　　③

　PG＝4 cm

考えかた

① 「重心」から，Gは中線 AD を 2：1 に内分する点と考える。

② 三角形と線分の比の性質を使って，比例式を作る。

③ $a:b=c:d \Rightarrow ad=bc$ の関係を使って，比例式を解く。

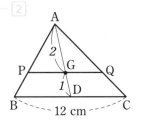

1 次の空らんをうめなさい。

(1) 右の図において，点 M，N がそれぞれ辺 AB，AC の
中点であるとき，中点連結定理により

$$\angle ACB = \overset{ア}{\boxed{}}{}^{\circ}$$

$$MN = \frac{1}{2}\overset{イ}{\boxed{}} = \overset{ウ}{\boxed{}} \text{(cm)}$$

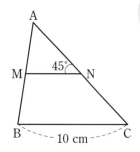

(2) 右の図において，点 G が △ABC の重心であるとき

$$DC = \overset{ア}{\boxed{}} \text{cm}$$

また， $AG : GD = \overset{イ}{\boxed{}} : 1$ であるから

$$AG : 3 = \overset{イ}{\boxed{}} : 1$$

よって $AG = \overset{ウ}{\boxed{}} \text{cm}$

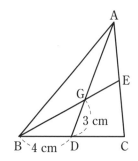

2 右の図において，G は △ABC の重心であり，
PQ∥BC である。次の線分の長さを求めなさい。

(1) 線分 AD

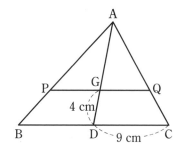

(2) 線分 PQ

23 チェバの定理・メネラウスの定理

1 チェバの定理

 △ABC の内部に点 O があり，直線 AO，BO，CO が辺 BC，CA，AB とそれぞれ点 P，Q，R で交わるとき

$$\frac{BP}{PC}\cdot\frac{CQ}{QA}\cdot\frac{AR}{RB}=1$$

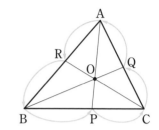

2 メネラウスの定理

 △ABC の辺 BC，CA，AB またはその延長が，頂点を通らない直線 ℓ とそれぞれ点 P，Q，R で交わるとき

$$\frac{BP}{PC}\cdot\frac{CQ}{QA}\cdot\frac{AR}{RB}=1$$

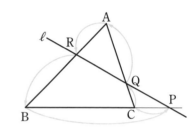

例題

右の図において，
　AR：RB＝2：1，AQ：QC＝1：1
であるとき，次の比を求めなさい。
(1)　BP：PC
(2)　AO：OP

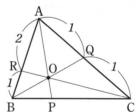
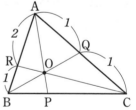

解答　(1)　△ABC において，チェバの定理により

$$\frac{BP}{PC}\cdot\frac{CQ}{QA}\cdot\frac{AR}{RB}=1 \quad \text{①}$$

よって，$\dfrac{BP}{PC}\cdot\dfrac{1}{1}\cdot\dfrac{2}{1}=1$ から　　BP：PC＝1：2

(2)　△ABP と直線 CR において，メネラウスの定理

により　$\dfrac{BC}{CP}\cdot\dfrac{PO}{OA}\cdot\dfrac{AR}{RB}=1 \quad \text{①}$

よって，$\dfrac{3}{2}\cdot\dfrac{PO}{OA}\cdot\dfrac{2}{1}=1$ から　　AO：OP＝3：1

考えかた

① 考えたい辺が式に含まれるように，チェバの定理，メネラウスの定理にあてはめる。

1 次の空らんをうめなさい。

(1) 右の図の △ABC において，AQ：QC＝1：2，AR：RB＝3：4 であるとき，チェバの定理により

$$\frac{BP}{PC} \cdot \frac{CQ}{QA} \cdot \frac{AR}{RB} = 1$$

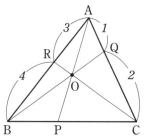

よって，$\dfrac{BP}{PC} \cdot \dfrac{2}{^{ア}\boxed{}} \cdot \dfrac{3}{^{イ}\boxed{}} = 1$

から   BP：PC＝$^{ウ}\boxed{}$：3

(2) 右の図の △ABC と直線 PR において，BC：CP＝3：2，CQ：QA＝1：2 であるとき，メネラウスの定理により

$$\frac{BP}{PC} \cdot \frac{CQ}{QA} \cdot \frac{AR}{RB} = 1$$

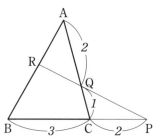

よって，$\dfrac{^{ア}\boxed{}}{2} \cdot \dfrac{^{イ}\boxed{}}{2} \cdot \dfrac{AR}{RB} = 1$

から   AR：RB＝4：$^{ウ}\boxed{}$

2 右の図の △ABC において，AR：RB＝2：3，BP：PC＝3：4 であるとき，次の比を求めなさい。

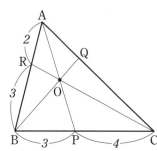

(1) CQ：QA

(2) BO：OQ

第**2**章 図形の性質

24 円周角の定理

円周角の定理

円周角と中心角について，次の 円周角の定理 が成り立ちます。

> **重要!** 1つの弧に対する円周角の大きさは一定であり，
> その弧に対する中心角の大きさの半分である。

このことから，特に，次のことが成り立ちます。

半円の弧に対する円周角は 90° である。

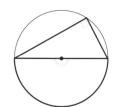

円周角の定理の逆

円周角の定理は，その逆も成り立ちます。

> **重要!** 2点 P，Q が直線 AB について同じ側にあるとき，
> ∠APB＝∠AQB ならば，4点 A，B，P，Q は
> 1つの円周上にある。

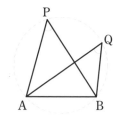

例題

次の図において，O は円の中心である。∠x，∠y の大きさを求めなさい。

(1)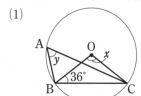

(2)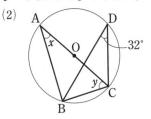

（解答） (1) OB＝OC であるから ∠OCB＝∠OBC＝36°
　　よって，△OBC において ∠x＝180°－36°×2＝108°
　　$\overset{\frown}{\text{BC}}$ に対して，円周角の定理により ←①
　　　　∠y＝108°÷2＝54° ←② ←円周角は中心角の半分

(2) $\overset{\frown}{\text{BC}}$ に対して，円周角の定理により ←①
　　　　∠x＝∠BDC＝32° ←②
　　AC は円の直径であるから ∠ABC＝90° ←②
　　よって，△ABC において
　　　　∠y＝180°－(32°＋90°)＝58°

考えかた

① 考えたい角が，どの弧に対する円周角・中心角になっているかを確認する。

② 円周角の定理を使って，角の大きさや等しい角を求める。

1 次の空らんをうめなさい。

右の図において，$\angle$ACB＝$\angle$ ^ア□ であるから，
円周角の定理の逆により，4点 A，B，C，D は1つ
の円周上にある。
よって，円周角の定理により
$$\angle ABD=\angle\,^{イ}\boxed{}=\,^{ウ}\boxed{}{}^{\circ}$$
また，△ABD において
$$\angle BAD=180^{\circ}-\left(^{ウ}\boxed{}{}^{\circ}+52^{\circ}\right)$$
$$=\,^{エ}\boxed{}{}^{\circ}$$

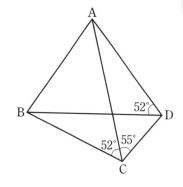

2 次の図において，O は円の中心である。$\angle x$，$\angle y$ の大きさを求めなさい。

(1)

HINT

O と A を結んで補助線を引くと，△OAB，△OAC は二等辺三角形である。

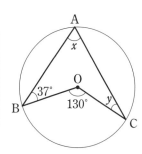

(2)

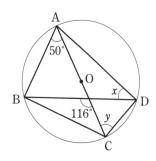

25 円に内接する四角形

1 円に内接する四角形

四角形において，1 つの内角に向かい合う内角を，その **対角** といいます。

四角形の 4 つの頂点が 1 つの円周上にあるとき，その四角形は円に **内接する** といいます。

四角形 ABCD が，O を中心とする円に内接するとき，

$$\angle \text{BAD}=\alpha, \quad \angle \text{BCD}=\beta$$

とします。このとき，円周角の定理により　　$2\alpha+2\beta=360°$

となることから，$\alpha+\beta=180°$ が成り立ちます。

したがって，円に内接する四角形について，次の **1**，**2** が成り立つことがわかります。

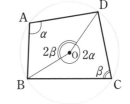

> **重要!** 円に内接する四角形において
>
> **1** 1 組の対角の和は 180° である。
>
> **2** 1 つの内角は，その対角の外角に等しい。

2 四角形が円に内接する条件

円に内接する四角形の性質は，その逆も成り立ちます。

すなわち，上の **1** または **2** が成り立つ四角形は円に内接します。

例題

右の図において，$\angle x$ の大きさを求めなさい。

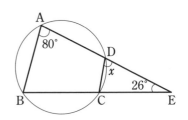

解答　四角形 ABCD は円に内接しているから

$$\angle \text{DCE}=\angle \text{BAD}=80° \quad \boxed{1}$$

内角は，その対角の外角に等しい

よって，△DCE において

$$\angle x=180°-(80°+26°)=74° \quad \boxed{2}$$

考えかた

1 円に内接する四角形の性質を使って，等しい角を見つける。

2 △DCE の内角の和から，わかっている角の大きさを引く。

練 習 問 題

1 次の空らんをうめなさい。

(1) 右の図において，四角形 ABCD は
円に内接しているから

$$\angle x = \boxed{}^{\text{ア}}{}^{\circ}$$

$$\angle y = \boxed{}^{\text{イ}}{}^{\circ}$$

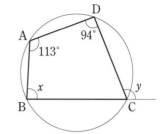

(2) 右の図において，E，F は直線 AD，BC 上にある。

$$\angle \text{BAD} = 180^{\circ} - \boxed{}^{\text{ア}}{}^{\circ}$$

$$= \boxed{}^{\text{イ}}{}^{\circ}$$

よって，$\angle \text{BAD} = \angle \boxed{}^{\text{ウ}}$ が成り立つから，

四角形 ABCD は円に内接する。

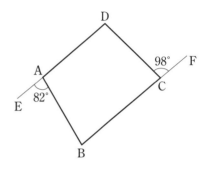

2 次の図において，$\angle x$ の大きさを求めなさい。

(1)

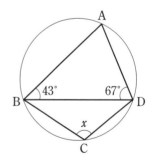

(2)

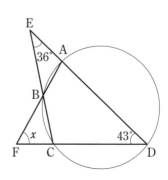

26 円と接線

1 円と直線

円と直線の位置関係には，次の 3 つの場合があります。

[1]　2 点で交わる　　[2]　接する　　[3]　共有点がない

直線と円の共有点がただ 1 つであるとき，直線は円に　接する　といいます。

直線と円が接するとき，この直線を　接線　といい，その
共有点を　接点　といいます。

 円の接線は，接点を通る半径に垂直である。

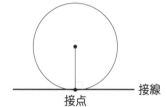

接点　　　　接線

2 接線の長さ

円外の点から円に接線を引くとき，円外の点と接点との
距離を，接線の長さ　といいます。

 円の外部の 1 点からその円に引いた 2 つの接線の
長さは等しい。

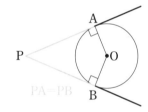

PA＝PB

例題

$AB=7$，$AC=6$ である $\triangle ABC$ に円が内接している。
各辺と内接円の接点を，右の図のように D，E，F と
する。DC＝4 のとき，辺 BF の長さを求めなさい。

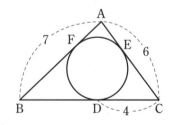

（解答）　CE＝CD であるから　　CE＝4　←[1]

よって　　AE＝6－4＝2　← $AC=AE+CE$ ←[2]

AF＝AE であるから　　AF＝2　←[1]

よって　　BF＝7－2＝5　← $AB=AF+BF$ ←[2]

考えかた

[1] 円の接線の長さの性質
を使って，長さが等しい部
分を見つける。

[2] 三角形の各辺を 2 つの
線分に分けて考える。

1 右の図において，PA，PB はともに円の接線であり，O は円の中心である。

A，B が接点であるとき，次の空らんをうめなさい。

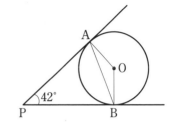

(1) OA，OB は円の半径であるから

$$\angle OAP = \angle OBP = {}^{\text{ア}}\boxed{}^{\circ}$$

よって，四角形 OAPB において

$$\angle AOB = 360° - \left(42° + {}^{\text{ア}}\boxed{}^{\circ} \times 2\right)$$

$$= {}^{\text{イ}}\boxed{}^{\circ}$$

(2) PA＝PB であるから　　$\angle PAB = \angle {}^{\text{ア}}\boxed{}$

よって　$\angle PAB = \left(180° - {}^{\text{イ}}\boxed{}^{\circ}\right) \div 2 = {}^{\text{ウ}}\boxed{}^{\circ}$

2 右の図のように，

AB＝12，BC＝11，CA＝9

である △ABC の各辺に，点 D，E，F で円が接している。

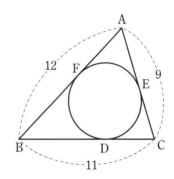

(1) AF＝x とおくとき，線分 BD，CD の長さを，

それぞれ x の式で表しなさい。

(線分 CD の長さは，線分 BD の長さを利用しなさい)

(2) 線分 AF の長さを求めなさい。

円の外部の1点からその円に引いた2つの接線の長さは等しい。

27 接線と弦の作る角

1 円の接線と弦の作る角

円の接線と弦の作る角について，次のことが成り立ちます。

 重要! 円 O の弦 AB と，その端点 A を通る円 O の接線 AT の作る角は，その角の内部にある弧 AB に対する円周角に等しい。

右の図で　　∠**BAT**＝∠**ACB**

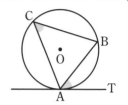

証明 （∠BAT が鋭角のとき）

　　直径 AD を引くと，∠DAT＝90° より

　　　　　　↑ 円の接線は，接点を通る半径に垂直

　　　　　∠BAT＝90°－∠BAD

　　AD は円の直径であるから，∠ABD＝90° より

　　　　　　　↑ 半円の弧に対する円周角は 90°

　　　　　∠ADB＝90°－∠BAD　　よって　　∠BAT＝∠ADB

　　$\stackrel{\frown}{\mathrm{AB}}$ に対して，円周角の定理により　　∠ACB＝∠ADB

　　したがって　　∠BAT＝∠ACB　　　　**終**

注　∠BAT が直角や鈍角のときにも，同じことが成り立ちます。

例題

右の図において，直線 AT は円 O の接線で，Aは接点である。∠x の大きさを求めなさい。

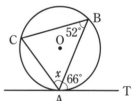

解答　円の接線と弦の作る角により

　　　　　　　∠BCA＝∠BAT＝66°　1

　よって，△ABC において

　　　　　　∠x＝180°－（66°＋52°）＝62°　2

考えかた

1 円の接線と弦の作る角の性質を使って，等しい角を見つける。

2 △ABC の内角の和から，わかっている角の大きさを引く。

1 右の図において，直線 AT は円Oの接線で，Aは
接点である。次の空らんをうめなさい。

円の接線と弦の作る角により

∠ABC＝^ア☐°

∠ACB＝^イ☐°

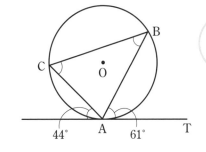

2 次の図において，直線 AT は円Oの接線で，Aは接点である。
∠x の大きさを求めなさい。

(1)

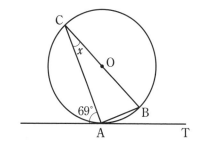

(2)

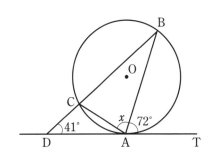

(3)

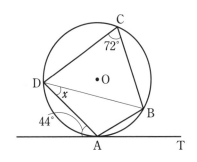

28 方べきの定理

1 方べきの定理

1点を通る2直線が円と交わるとき，次の 方べきの定理 が成り立ちます。

重要！

1 点Pを通る2直線が円とA，BおよびC，Dで交わるとき

$$PA \cdot PB = PC \cdot PD$$

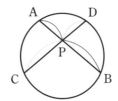 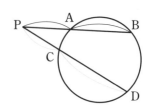

2 点Pを通る2直線のうち1つの直線が円とA，Bで交わり，別の直線が円と点Tで接するとき

$$PA \cdot PB = PT^2$$

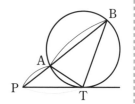

1の証明 △PACと△PDBにおいて

右の図の[1]，[2]いずれの場合も

$$\angle CAP = \angle BDP, \quad \angle ACP = \angle DBP$$

2組の角がそれぞれ等しいから

$$\triangle PAC \backsim \triangle PDB$$

よって　　　PA：PD＝PC：PB　　　したがって　PA・PB＝PC・PD　　　終

[1]
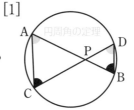

[2]
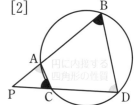

例題

右の図において，x の値を求めなさい。ただし，(2)において，PTは円の接線である。

(1)
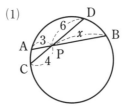

(2)
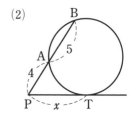

解答　(1) PA・PB＝PC・PD であるから　$3 \times x = 4 \times 6$　①

　　　$3x = 24$ から　　$x = 8$

　　(2) PA・PB＝PT^2 であるから　$4 \times (4+5) = x^2$　①

　　　$x^2 = 36$ で，$x > 0$ であるから　　$x = 6$

考えかた

① 方べきの定理にあてはめる。

1 次の空らんをうめなさい。

(1) 右の図において，方べきの定理により

$$PA \cdot \boxed{}^{ア} = PC \cdot \boxed{}^{イ}$$

$$2 \cdot \boxed{}^{ウ} = 5 \cdot \boxed{}^{エ}$$

よって　　$x = \boxed{}^{オ}$

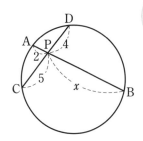

(2) 右の図において，PT が円の接線であるとき，方べきの定理により

$$PA \cdot PB = \boxed{}^{ア}$$

$$4x = \boxed{}^{イ}$$

よって　　$x = \boxed{}^{ウ}$

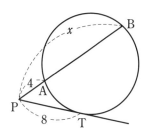

2 右の図において，O は円の中心である。

(1) 円の半径を r とするとき，PA・PB を
r の式で表しなさい。

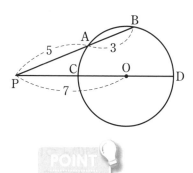

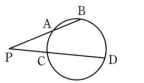

方べきの定理
下の図において　　**PA・PB＝PC・PD**

(2) 円の半径を求めなさい。

29 2つの円

1 2つの円の位置関係

円 O の半径を r，円 O′ の半径を r' とし，OO′$=d$ とします。$r>r'$ のとき，これら 2 つの円の位置関係は，次の 5 つの場合があります。

[1]　互いに外部にある　　　[2]　1 点を共有する（外接する）　[3]　2 点で交わる

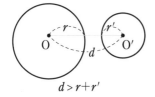

$d>r+r'$

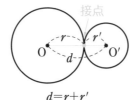

$d=r+r'$

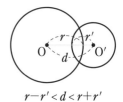

$r-r'<d<r+r'$

[4]　1 点を共有する（内接する）　[5]　一方が他方の内部にある

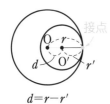

$d=r-r'$

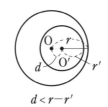

$d<r-r'$

接する 2 つの円の接点は，2 つの円の中心を通る直線上にあります。

例題

右の図において，2 つの円 O，O′ は点 P で外接している。ℓ は 2 つの円に共通な接線で，A，B は接点である。円 O，O′ の半径を，それぞれ 6，4 とするとき，線分 AB の長さを求めなさい。

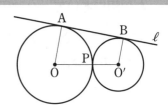

解答　右の図のように，O′ から線分 OA に垂線 O′H を引く。
↑ 1

四角形 AHO′B は長方形であるから

$\quad$ OH$=$OA$-$O′B$=6-4=2$

△OO′H は直角三角形であるから

$\quad$ O′H$^2=$OO′$^2-$OH^2 ── 2

$\quad$ O′H$=\sqrt{10^2-2^2}=\sqrt{96}=4\sqrt{6}$

したがって　AB$=$O′H$=4\sqrt{6}$

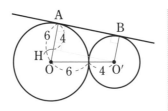

考えかた

1 円の接線は，接点を通る半径に垂直であることを使って，長方形と直角三角形を作る。

2 三平方の定理を使う。

練 習 問 題

1 半径が 6 の円 O と半径が 2 の円 O′ があり，OO′＝d とする。

2 つの円の位置関係について，次の空らんをうめなさい。

$d＝3$ のとき，円 O′ は円 O の内部にある。

$d＝4$ のとき，2 つの円は ^ア☐☐☐☐☐☐☐。

$d＝6$ のとき，2 つの円は ^イ☐☐☐☐☐☐☐。

$d＝8$ のとき，2 つの円は ^ウ☐☐☐☐☐☐☐。

$d＝9$ のとき，2 つの円は ^エ☐☐☐☐☐☐☐。

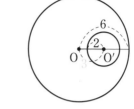

$d＝3$ のとき，円O′は円Oの内部にある。

2 右の図において，2 つの円 O，O′ があり，

OO′＝10 である。

ℓ は 2 つの円に共通な接線で，A，B は接点である。

円 O，O′ の半径を，それぞれ 5，3 とするとき，

線分 AB の長さを求めなさい。

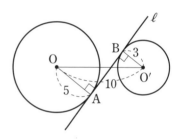

2 つの円の両方に接して
いる直線を，2 つの円の
共通接線 という。

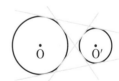

30 作図

1 作図

基本となる作図は，中学校で学んだ次の 3 つの図形の作図です。

[1]　線分の垂直二等分線

[2]　角の二等分線

[3]　垂線

[1] 　[2] 　[3]

例題

右の図の △ABC において，次の図形を作図しなさい。

(1)　△ABC の外接円

(2)　点Aを通り，辺 BC に平行な直線

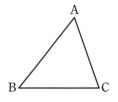

解答　(1)　①　辺 AB の垂直二等分線を引く。　←[2]

②　辺 BC の垂直二等分線を引く。　←[2]

③　①，②の 2 つの直線の交点をOとして，O を中心とする半径 OA の円をかく。　←[2]

このとき，OA＝OB，OB＝OC であるから，円Oは 3 点 A，B，C を通る。　←[1]

(2)　①　点Aを中心として半径 BC の円をかく。←[2]

②　点Bを中心として半径 CA の円をかく。←[2]

③　①，②の 2 つの円の交点をDとして，直線 AD を引く。　←[2]

このとき，AD＝CB，AC＝DB より，四角形 ADBC は平行四辺形になる。　←[1]

よって，直線 AD は辺 BC に平行である。

考えかた

[1] 問題の条件を，作図しやすい条件に言いかえる。

・外接円 → 3 辺の垂直二等分線の交点（外心）を中心とする円

・点Aを通り，辺 BC に平行 → 辺 BC を対辺とする平行四辺形

[2] 基本となる作図 [1] ～ [3] や，コンパスの性質を使って作図する。

(1) 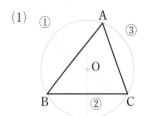　(2)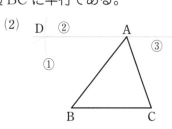

練　習　問　題

1 次の空らんをうめて，△ABC の内接円を
作図する手順を完成させなさい。

① ∠B の ^ア[　　　　　] を引く。

② ∠C の ^イ[　　　　　] を引く。

③ ①，②の 2 つの直線の交点を I として，

　I を通る BC の ^ウ[　　　　　] を引く。

④ ③の直線と辺 BC の交点を D として，

　点 ^エ[　　] を中心とする半径 ^オ[　　] の

　円をかく。

外接円，内接円
外接円…三角形の 3 頂点
を通る円
内接円…三角形の 3 辺に
接する円

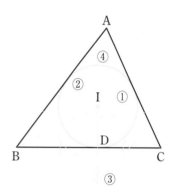

2 平行線と線分の比の性質を利用して，右の図の
線分 AB を 3 等分する点を作図しなさい。

HINT

点 A から半直線 AX を
引き，コンパスを使って
A から等間隔に 3 点 P，
Q，R をとって考える。

A ——————————— B

31 空間図形の基本的な性質

1 直線や平面の位置関係

空間の直線や平面の位置関係は，次のようにまとめられます。

	1点で交わる	平行である	ねじれの位置にある
2直線	ℓ　m	ℓ　m	ℓ　m

	直線が平面に含まれる	1点で交わる	平行である
直線と平面	ℓ　α	ℓ　α	ℓ　α

	交わる	平行である
2平面	β　交線　α	β　α

注　2直線 ℓ, m が平行であるとき，$\ell /\!/ m$ と表します。

2 2直線のなす角

2直線 ℓ, m が平行でないとき，1点Oを通り ℓ, m に平行な
直線をそれぞれ ℓ', m' とすると，ℓ', m' は1つの平面上にあ
ります。このとき，2直線 ℓ', m' が作る角を，2直線 ℓ, m
のなす角 といいます。

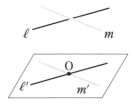

2直線 ℓ, m のなす角が 90° のとき，ℓ と m は 垂直 であるといい，$\ell \perp m$ と表します。
特に，垂直な2直線が交わるとき，それらは 直交 するといいます。

3 2平面のなす角

交わる2平面の交線上の点から，各平面上で，交線に垂直に引
いた2直線のなす角を，2平面のなす角 といいます。

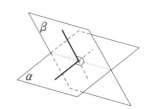

2平面 α, β のなす角が 90° のとき，α と β は 垂直 である，
または 直交 するといい，$\alpha \perp \beta$ と表します。

注　直線 ℓ が平面 α に垂直であるとき，$\ell \perp \alpha$ と表し，直線 ℓ を平面 α の 垂線 といいま
す。

1 右の図の立方体 ABCD−EFGH において,
次の空らんをうめなさい。

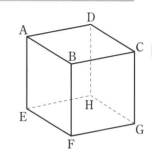

(1) 辺 AB と GH は ^ア[   ] であり,辺 AB と

ねじれの位置にある辺は

^イ[   ]

である。

(2) 直線 AB と面 BFGC は ^ア[   ] であり,面 AEHD と BFGC は ^イ[   ] である。

2 右の図の立体 ABCD において,

AB＝CD＝2,

AC＝AD＝BC＝BD＝$\sqrt{5}$

である。辺 CD の中点を M とする。

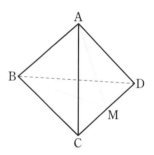

(1) 面 AMB と直線 CD は垂直であることを証明しなさい。

直線と平面の垂直
平面 α と交わる直線 ℓ が,
その交点を通る α 上の交
わる 2 直線に垂直ならば,
直線 ℓ は平面 α に垂直で
ある。

(2) 面 ACD と面 BCD のなす角の大きさを求めなさい。

32 多面体

1 多面体

三角錐や直方体のように，いくつかの多角形の面で囲まれた立体を 多面体 といいます。

特に，各面が合同な正多角形で，どの頂点にも同じ数の面が集まるへこみのない多面体を，

正多面体 といいます。

正多面体は，次の5種類しかありません。

正四面体 　　正六面体（立方体）　　正八面体 　　　 正十二面体 　　　 正二十面体

2 オイラーの多面体定理

へこみのない多面体の頂点の数を v，辺の数を e，面の数を f とすると，等式

$$v-e+f=2$$

が成り立ちます。

これを，オイラーの多面体定理 といいます。

例 三角錐の頂点の数は4，辺の数は6，面の数は4であるから

$$v-e+f=4-6+4=2$$

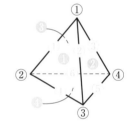

例題

正二十面体の頂点の数と辺の数を求めなさい。

解答 正二十面体の各面は正三角形であるから，1つの面

の頂点の数は3個で，辺の数も3個である。 □1

正二十面体のどの頂点にも面が5つずつ集まってい

る。 □2

よって，正二十面体の頂点の数は

$(3\times20)\div5=12$（個） □3

また，正二十面体のどの辺にも面が2つずつ集まっ

ている。 □2

よって，正二十面体の辺の数は

$(3\times20)\div2=30$（個） □3

考えかた

□1 1つの面の頂点や辺の
数…(A)を考える。

□2 1つの頂点や辺に集ま
っている面の数…(B)を考
える。

□3 {(A)×面の数}÷(B)
を計算して，正多面体の頂
点や辺の数を求める。

1   次の空らんをうめなさい。

(1) 右の図の立体の，頂点の数は　$v=$ ⁷□

　　　　　　　　　　　　　辺の数は　　$e=$ ⁴□

　　　　　　　　　　　　　面の数は　　$f=$ ⁹□

　であるから　　　　　$v-e+f=$ ᵀ□

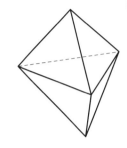

(2) 右の図の立体の，頂点の数は　$v=$ ⁷□

　　　　　　　　　　　　　辺の数は　　$e=$ ⁴□

　　　　　　　　　　　　　面の数は　　$f=$ ⁹□

　であるから　　　　　$v-e+f=$ ᵀ□

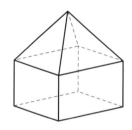

2   次の正多面体において，頂点の数と辺の数をそれぞれ求めなさい。

(1) 正八面体

(2) 正十二面体

（正多面体の頂点や辺の数）
＝｛（1つの面の頂点や辺の数）×（面の数）｝÷（1つの頂点や辺に集まっている面の数）

確認テスト

1 右の図の長方形 ABCD において，辺 BC, DC の中点を
それぞれ M, N とする。
また，線分 AM, AN と対角線 BD の交点を，
それぞれ P, Q とする。

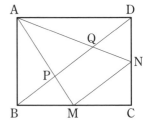

(1) BD : MN を求めなさい。

(2) BD : PQ を求めなさい。

2 右の図において，△ABC は AB＝AC の二等辺三角形である。
辺 AB を直径とする円O と辺 BC, AC との交点をそれ
ぞれ点 D, E とする。

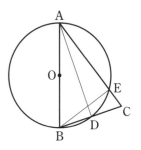

(1) △ACD∽△BCE であることを証明しなさい。

(2) AB＝3, BC＝2 であるとき，線分 CE の長さを求めなさい。

3 右の図において，2つの円 O，O′ は点Pで外接して
いる。ℓ は2つの円に共通な接線で，A，B は接点
である。また，m もPを接点とする2つの円に共通
な接線で，Qは ℓ と m の交点である。

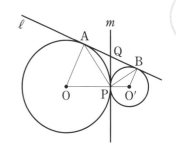

(1) ∠APB の大きさを求めなさい。

(2) 円 O，O′ の半径を，それぞれ 7，3 とするとき，線分 AB の長さを求めなさい。

4 右の図の線分 AB を 3：2 に内分する点を作図しな
さい。

A   B

5 右の図のように，立方体の各面の対角線の交点を結んで
正八面体をつくる。このとき，立方体の体積は正八面体
の体積の何倍であるか求めなさい。

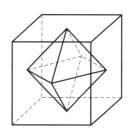

33 約数と倍数

1 整数

整数には，正の整数，0，負の整数があります。正の整数を自然数といいます。

$$\cdots\cdots,\ -3,\ -2,\ -1,\ 0,\ 1,\ 2,\ 3,\ \cdots\cdots$$

←――――― 負の整数 ―――――┘ └ 正の整数（自然数）→

2 約数と倍数

たとえば，6 は 12 の約数であり，12 は 6 の倍数です。

このように，2 つの自然数 a，b について，a が b で割り切れるとき，b は a の約数であり，a は b の倍数です。

一般に，2 つの整数 a，b について，ある整数 k を用いて

$a=bk$ と表されるとき，b は a の 約数 であるといい，

a は b の 倍数 であるといいます。

> $a\ =\ b\ \times$（整数）
> b の倍数　a の約数

今後は，0 や負の整数を含めたすべての整数について，約数や倍数を考えます。

例 (1) 8 の約数は，次の 8 個の整数である。

$$1,\ 2,\ 4,\ 8,\ -1,\ -2,\ -4,\ -8$$

(2) 2 の倍数は，次のような整数である。

$$\cdots\cdots,\ -4,\ -2,\ 0,\ 2,\ 4,\ \cdots\cdots$$

注 2 の倍数を 偶数，2 の倍数でない整数を 奇数 といいます。

例題

a，b は整数とする。a，b が 4 の倍数であるとき，次のことを証明しなさい。

(1) $a+b$ は 4 の倍数である。　　(2) ab は 16 の倍数である。

証明　a，b が 4 の倍数ならば，k，l を整数として，

$$a=4k,\ b=4l \quad \cdots\boxed{1}$$

と表される。

(1) $\quad a+b=4k+4l=4(k+l) \quad \cdots\boxed{2}$

4×（整数）の形

$k+l$ は整数であるから，$a+b$ は 4 の倍数である。

(2) $\quad ab=4k\times 4l=16kl \quad \cdots\boxed{2}$

16×（整数）の形

kl は整数であるから，ab は 16 の倍数である。

考えかた

$\boxed{1}$「4 の倍数」という条件を，「4×（整数）」と具体的に式で表す。

$\boxed{2}$ a，b にそれぞれ代入し，「●×（整数）」の形を作る。

1 次の空らんをうめなさい。

(1) 4つの数 -5, $-\dfrac{1}{2}$, 3.8, 6 のうち,

　　　　　自然数は ^ア　　　　　, 負の整数は ^イ　　　　　

(2) 9の約数を小さい方から並べると

　　　　　-9, -3, ^ア　　　　, 1, 3, ^イ　　　　

(3) 7の倍数を小さい方から並べると

　　　　　……, -21, ^ア　　　　, -7, ^イ　　　　, 7, ^ウ　　　　, 21, ……

2 a, b は整数とする。次のことを証明しなさい。

(1) a, b が 5 の倍数ならば, $a-b$ は 5 の倍数である。

(2) a, $a+b$ が 3 の倍数ならば, b は 3 の倍数である。

34 倍数の判定法

1 倍数の判定法

2 の倍数と 5 の倍数は，一の位の数に着目して，次のように判定することができます。

> **重要!**　2 の倍数　　一の位が 0，2，4，6，8 のいずれかである。
>
> 　　　　　5 の倍数　　一の位が 0，5 のいずれかである。

3 の倍数と 9 の倍数は，各位の数の和に着目して，次のように判定することができます。

> **重要!**　3 の倍数　　各位の数の和が 3 の倍数である。
>
> 　　　　　9 の倍数　　各位の数の和が 9 の倍数である。

例　285 の各位の数の和は 2+8+5=15 であるから，285 は 3 の倍数である。

　　　　　　　　　　　　　　　　　　　　　↑
　　　　　　　　　　　　　　　285=3×95 となる

　　873 の各位の数の和は 8+7+3=18 であるから，873 は 9 の倍数である。

　　　　　　　　　　　　　　　　　　　　　↑
　　　　　　　　　　　　　　　873=9×97 となる

例 題

各位の数の和が 3 の倍数である整数は，3 の倍数である。
このことを，3 けたの自然数について証明しなさい。

(証明)　3 けたの自然数 N の百の位を a，十の位を b，一の
位を c とすると，

$N=100a+10b+c$ と表される。　←1

$$N=(99+1)a+(9+1)b+c$$
$$=99a+9b+a+b+c$$
$$=9(11a+b)+(a+b+c)$$
$$=3(33a+3b)+(a+b+c)　←2$$

$3(33a+3b)$ は 3 の倍数であるから，$a+b+c$ が 3 の
倍数であるとき，N は 3 の倍数である。

よって，各位の数の和が 3 の倍数である 3 けたの自
然数は，3 の倍数である。

考えかた

1　3 けたの自然数を，文字式で表す。

2　式を変形して，「3×(整数)」の形を作る。

注　$9(11a+b)$ は 9 の倍数なので，この証明から，$a+b+c$ が 9 の倍数であるとき，
N は 9 の倍数であることもわかります。

1 次の空らんをうめなさい。

(1) 47534 は ^ア[　　　] の位が 4 であるから，^イ[　　　] の倍数である。

(2) 897 の各位の数の和は ^ア[　　　]

^ア[　　　] は ^イ[　　　] の倍数であるから，897 は ^イ[　　　] の倍数である。

2 次の各場合について，□にあてはまる数を求めなさい。

(1) 3けたの整数 6□2 が 9 の倍数である。

(2) 4けたの整数 248□ が 2 の倍数かつ 3 の倍数である。

✓ **COLUMN** 倍数の判定法

　2，3，5，9以外の倍数の判定法には，次のようなものがあります。

　4の倍数　　下2けたが4の倍数である。

　6の倍数　　2の倍数かつ3の倍数である。

　7の倍数　　一の位を除いた数（たとえば，6447なら644，203なら20）から一の位の2倍を引いた数が7の倍数である。

　8の倍数　　下3けたが8の倍数である。

35 素数と素因数分解

1 素数と合成数

2 以上の自然数で, 1 とそれ自身以外に正の約数をもたない数を 素数 といい, 素数でない数を 合成数 といいます。

たとえば, 13 は素数で, 14 は合成数です。

約数は 1, 13　　約数は 1, 2, 7, 14

注　1 は素数ではありません。

2 素因数分解

14＝2×7 のように, 整数がいくつかの整数の積で表されるとき, 積をつくっている 1 つ 1 つの整数をもとの整数の 因数 といいます。

素数である因数を 素因数 といい, 自然数を素数だけの積の形に表すことを 素因数分解 するといいます。

合成数は, その数を小さい素数から順に割っていくことで, 素因数分解することができます。

たとえば, 右の計算から, 392 は次のように素因数分解されます。

$$392＝2 \cdot 2 \cdot 2 \cdot 7 \cdot 7＝2^3 \cdot 7^2$$

素因数分解は, どのような順序で割っても同じ結果になります。

```
2) 392
2) 196
2)  98
7)  49
     7
```

例題

次の問いに答えなさい。
(1) 200 を素因数分解しなさい。
(2) 200 の正の約数の個数を求めなさい。

解答　(1)　$200＝2 \cdot 2 \cdot 2 \cdot 5 \cdot 5＝2^3 \cdot 5^2$

(2)　200 の正の約数は,

$1, 2, 2^2, 2^3$ から 1 個

$1, 5, 5^2$　　　 から 1 個

をそれぞれ選んで掛けたものである。

	1	2	2^2	2^3
1	1	2	4	8
5	5	10	20	40
5^2	25	50	100	200

よって, その個数は　　$4×3＝12$ (個)

考えかた

1 小さい素数から順に割っていき, 素因数分解する。

2 正の約数の個数を, 因数の積の組合せの総数と考える。

練 習 問 題

1 次の空らんをうめなさい。

(1) 24 を素因数分解すると

$$24 = 2 \times 2 \times \overset{\text{ア}}{\boxed{}} \times 3 = \overset{\text{イ}}{\boxed{}}^3 \times \overset{\text{ウ}}{\boxed{}}$$

(2) 450 を素因数分解すると

$$450 = 2 \times \overset{\text{ア}}{\boxed{}} \times \overset{\text{イ}}{\boxed{}} \times 5 \times 5 = 2 \times \overset{\text{ウ}}{\boxed{}} \times 5^2$$

2 次の数を素因数分解しなさい。また，その結果を利用して，正の約数の個数を求めなさい。

(1) 54

(2) 441

(3) 2000

HINT

正の約数の個数は，次のように考える。

$$28 = 2 \times 2 \times 7$$
$$= 2^2 \times 7$$

	1	2	2^2
1	1	2	4
7	7	14	28

よって，28 の正の約数の個数は　6 個

36 最大公約数・最小公倍数

1 最大公約数・最小公倍数

2つ以上の整数に共通な約数を 公約数 といい，共通な倍数を 公倍数 といいます。
また，公約数のうち最も大きいものを 最大公約数 といい，正の公倍数のうち最も小さい
ものを 最小公倍数 といいます。

例　24 の正の約数は　1, 2, 3, 4, 6, 8, 12, 24
　　30 の正の約数は　1, 2, 3, 5, 6, 10, 15, 30
　　よって，24 と 30 の正の公約数は　1, 2, 3, 6
　　　　　　　　　　最大公約数は　6

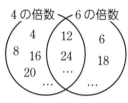

例　4 の正の倍数は　4, 8, 12, 16, 20, 24, ……
　　6 の正の倍数は　6, 12, 18, 24, ……
　　よって，4 と 6 の正の公倍数は　12, 24, ……
　　　　　　　　　　最小公倍数は　12

2つの整数 a, b の最大公約数が1であるとき，aとbは 互いに素 であるといいます。
最大公約数・最小公倍数は，次の例題のように，素因数分解を利用して求めることもできます。

例題

素因数分解を利用して，30 と 72 の最大公約数と最小公倍数を求めなさい。

解答　30 を素因数分解すると　　$30 = 2 \cdot 3 \cdot 5$　← [1]
72 を素因数分解すると　　$72 = 2 \cdot 2 \cdot 2 \cdot 3 \cdot 3$　← [1]
最大公約数は 30 と 72 に共通する素因数をすべて掛け合わせたものであるから　← [2]
　　$2 \cdot 3 = 6$

$$30 = 2 \quad\quad \cdot 3 \quad \cdot 5$$
$$72 = 2 \cdot 2 \cdot 2 \cdot 3 \cdot 3$$
最大公約数　2　　　　・3

最小公倍数は 30 と 72 のどちらかに含まれる素因数をすべて掛け合わせたものであるから　← [2]
　　$2 \cdot 2 \cdot 2 \cdot 3 \cdot 3 \cdot 5 = 360$

$$30 = 2 \quad\quad \cdot 3 \quad \cdot 5$$
$$72 = 2 \cdot 2 \cdot 2 \cdot 3 \cdot 3$$
最小公倍数　$2 \cdot 2 \cdot 2 \cdot 3 \cdot 3 \cdot 5$

考えかた

[1] それぞれの数を素因数分解する。

[2] 最大公約数 → 共通する素因数のすべての積
最小公倍数 → どちらかに含まれる素因数のすべての積
と考える。

練 習 問 題

1 次の空らんをうめなさい。

(1) 28 の正の約数は 1, 2, 4, 7, 14, 28
    42 の正の約数は 1, 2, 3, 6, 7, 14, 21, 42

  よって，28 と 42 の正の公約数は ^ア

        28 と 42 の最大公約数は ^イ

(2) 8 の正の倍数は 8, 16, 24, 32, 40, ……
    12 の正の倍数は 12, 24, 36, 48, 60, ……

  よって，8 と 12 の正の公倍数は   24, ^ア , ……

        8 と 12 の ^イ   は   24

2 素因数分解を利用して，次の 2 数の最大公約数と最小公倍数を求めなさい。

(1) 84, 90

(2) 315, 700

第 **3** 章 数学と人間の活動

37 割り算における商と余り

1 割り算における商と余り

46 を 3 で割ると，商は 15 で，余りは 1 になります。

この割り算における，割られる数 46，割る数 3 と，商 15，余り 1
の関係は，次の等式で表すことができます。

$$46 = 3 \cdot 15 + 1$$
(割られる数)＝(割る数)×(商)＋(余り)

一般に，整数の割り算について，次のことが成り立ちます。

> 重要！ 整数 a と正の整数 b に対して
> $$a = bq + r, \quad 0 \leq r < b$$
> となる整数 q, r がただ 1 通りに決まる。

← a と q は正の整数で
あるとは限らない

上の等式における q と r を，それぞれ a を b で割ったときの 商，余り といいます。余り
r が 0 のとき，a は b で 割り切れる といいます。また，余り r が 0 でないとき，a は b
で 割り切れない といいます。

例　$-14 = 3 \cdot (-5) + 1$ であるから，

-14 を 3 で割ったときの　商は -5，余りは 1

例題

整数 a を 5 で割ると 4 余り，整数 b を 5 で割ると 2 余る。
このとき，$a+b$ を 5 で割ったときの余りを求めなさい。

(解答)　a, b は，k, l を整数として，

$$a = 5k+4, \quad b = 5l+2 \quad \boxed{1}$$

と表される。

このとき

$$a+b = (5k+4)+(5l+2)$$
$$= 5k+5l+6$$
$$= 5(k+l+1)+1 \quad \boxed{2}$$

$k+l+1$ は整数であるから，
$a+b$ を 5 で割ったときの余
りは　　1

考えかた

$\boxed{1}$ 「5 で割ると●余る」
という条件を，
「5×(整数)＋●」と具体
的に式で表す。

$\boxed{2}$ a, b にそれぞれ代入
し，「5×(整数)」の形を作
る。

		···		···
-10	-9	-8	-7	-6
-5	-4	-3	-2	-1
0	1	2	3	4
5	6	7	8	9
		···		···
		余り 2		余り 1

1 次の空らんをうめなさい。

(1) $23=6 \cdot 3+5$ であるから

　　23 を 6 で割ったときの商は ^ア□，余りは ^イ□

(2) $-45=8 \cdot (-6)+3$ であるから

　　-45 を 8 で割ったときの商は ^ア□，余りは ^イ□

(3) $-36=4 \cdot (-9)$ であるから

　　-36 は 4 で ^ア□。

　　その商は ^イ□

割り算の商と余り

(割られる数)＝(割る数)×(商)＋(余り)

2 整数 a を 4 で割ると 2 余り，整数 b を 4 で割ると 3 余る。このとき，次の数を 4 で割ったときの余りを求めなさい。

(1) $a+b$

(2) ab

第3章 数学と人間の活動

38 余りと整数の分類

1 余りと整数の分類

整数は，偶数と奇数に分類することができます。

整数を 2 で割ったときの余りは 0 か 1 で，

　　余り 0 の数が偶数，余り 1 の数が奇数

です。

同じように，整数を 3 で割ったときの余りは 0 か 1 か 2 で，すべての整数は

　　余り 0 の数，余り 1 の数，余り 2 の数

のいずれかに分類することができます。

整数の分類（ k は整数）

[1]　2 で割った余り

$$\begin{cases} 偶数 & 2k \\ 奇数 & 2k+1 \end{cases}$$

[2]　3 で割った余り

$$\begin{cases} 余り 0 & 3k \\ 余り 1 & 3k+1 \\ 余り 2 & 3k+2 \end{cases}$$

2 連続する整数の積の性質

連続する 2 つの整数の一方は偶数（2 の倍数）で，もう一方は奇数です。また，連続する 3 つの整数の中には 2 の倍数も 3 の倍数も必ず含まれています。

これらのことから，連続する整数の積について，次のことがいえます。

連続する整数（ k は整数）

連続する 2 つの整数
　　→　k, $k+1$
連続する 3 つの整数
　　→　k, $k+1$, $k+2$

> **重要!**　連続する 2 つの整数の積は 2 の倍数である。
> 　　　　連続する 3 つの整数の積は 6 の倍数である。

例題

整数 n が 3 で割り切れないとき，n^2 を 3 で割ったときの余りを求めなさい。

（解答）　整数 n が 3 で割り切れないとき，n は k を整数として，$3k+1$, $3k+2$ のいずれかの形で表される。 ← ①

[1]　$n=3k+1$ のとき

$$n^2=(3k+1)^2=9k^2+6k+1=3(3k^2+2k)+1 \quad ← ②$$

[2]　$n=3k+2$ のとき

$$n^2=(3k+2)^2=9k^2+12k+4$$
$$=3(3k^2+4k+1)+1 \quad ← ②$$

したがって，どちらの場合も n^2 を 3 で割ったときの余りは　　1

考えかた

① 「3 で割り切れない」という条件を，3 で割ったときの余りは 1 か 2 と考え，具体的に式で表す。

② n にそれぞれの場合を代入し，「3×（整数）」の形を作る。

1 連続する 2 つの奇数について，その大きい方の平方から小さい方の平方を引いた値は 8 の倍数になる。

次の空らんをうめて，このことの証明を完成させなさい。

証明 k を整数として，大きい方の奇数を $2k+1$ と表すと，小さい方の奇数は

$$^{\text{ア}}\boxed{} \text{と表される。}$$

$$(2k+1)^2 - \left(^{\text{ア}}\boxed{}\right)^2$$

$$= 4k^2 + 4k + 1 - \left(^{\text{イ}}\boxed{}\right)$$

$$= {}^{\text{ウ}}\boxed{} k$$

k は整数であるから，$\boxed{} k$ は 8 の倍数である。

よって，連続する 2 つの奇数について，その大きい方の平方から小さい方の平方を引いた値は 8 の倍数になる。

2 連続する 2 つの整数がある。そのどちらも 3 で割り切れないとき，それらの積を 3 で割ったときの余りを求めなさい。

HINT

すべての整数は，k を整数として

$3k$，$3k+1$，$3k+2$

のいずれかの形で表される。連続する 2 つの整数で，どちらも 3 で割り切れないことから，どの形で表されるかを考える。

第 **3** 章　数学と人間の活動

39 ユークリッドの互除法

1 ユークリッドの互除法

たとえば，次のように，縦 28，横 63 の長方形から正方形を切り取っていくことで，28 と 63 の最大公約数 7 を求めることができます。

① 長方形から 1 辺 28 の正方形を切り取る

② 残りの長方形から 1 辺 7 の正方形を切り取る

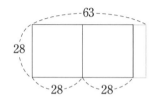

63を28で割ると
商2，余り7

28を7で割ると
商4，余り0

② のあとは残る図形がないので，縦 28，横 7 の長方形は 1 辺 7 の正方形 4 個で敷き詰められます。

① で切り取った 1 辺 28 の正方形も，1 辺 7 の正方形で敷き詰められるので，もとの長方形（縦 28，横 63）も

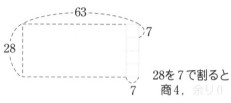

1 辺 7 の正方形で敷き詰められます。この操作は次のことを意味しています。

$$(28 と 63 の最大公約数) = (28 と 7 の最大公約数)$$

一般に，次のことが成り立ちます。

> **重要!** 自然数 a，b（$a > b$）について，a を b で割ったときの余りを r とすると，a と b の最大公約数は，b と r の最大公約数に等しい。

この性質を利用して最大公約数を求める方法を ユークリッドの互除法，または単に 互除法 といいます。

例題

互除法を利用して，91 と 221 の最大公約数を求めなさい。

解答　221 を 91 で割ったときの余りは　39　… 1
　　　　91 を 39 で割ったときの余りは　13　… 2
　　　　39 を 13 で割ったときの余りは　　0　… 3
　　　　よって，91 と 221 の最大公約数
　　　　は　　13

考えかた
1 a を b で割った余りを r とする。
2 $r > 0$ ならば，b を a，r を b とし，1 に戻る。
3 $r = 0$ ならば，そのときの b が最大公約数である。

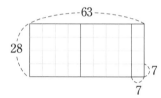

1　次の空らんをうめて，713 と 299 の最大公約数を求めなさい。

$$713 = 299 \cdot \boxed{}^{ア} + 115$$

$$299 = 115 \cdot 2 + \boxed{}^{イ}$$

$$115 = \boxed{}^{イ} \cdot 1 + 46$$

$$\boxed{}^{イ} = 46 \cdot 1 + \boxed{}^{ウ}$$

$$46 = \boxed{}^{ウ} \cdot 2 + 0$$

よって，713 と 299 の最大公約数は $\boxed{}^{エ}$

互除法の考えかた

$$a = b \times \bullet + r$$
$$b = r \times \bullet + r'$$
$$r = r' \times \bullet + r''$$
$$\vdots$$

余りが 0 になれば終了。

第**3**章

数学と人間の活動

2　互除法を利用して，次の 2 数の最大公約数を求めなさい。

(1)　286, 182

(2)　867, 357

40 1次不定方程式

1　1次不定方程式

x，y の 1 次方程式　$ax+by=c$　（a，b，c は整数の定数で，$a \neq 0$，$b \neq 0$）
を成り立たせる整数 x，y の組を，この方程式の　整数解　といいます。
また，この方程式の整数解を求めることを　1次不定方程式　を解くといいます。

2　$ax+by=0$ の整数解

たとえば，次の x，y の組は，どれも方程式 $3x-4y=0$ の整数解です。

　　　$x=4$，$y=3$　　　$x=0$，$y=0$　　　$x=-8$，$y=-6$　　　← 解は無数にある

この方程式の整数解は，次のように考えて求めることができます。

方程式 $3x-4y=0$ を変形すると　　　$3x=4y$

このとき，右辺 $4y$ は 4 の倍数になるので，左辺 $3x$ も 4 の倍数です。
ところが，3 と 4 は互いに素であるため，x が 4 の倍数になります。
そこで，k を整数として，$x=4k$ と表すと

　　　$3 \cdot 4k=4y$　から　$y=3k$

したがって，方程式 $3x-4y=0$ の整数解は

　　　$x=4k$，$y=3k$（k は整数）　　　← すべての解はこの形で表される

注　a，b，c が整数で，a と b が互いに素であるとき，次のことがいえます。

　　　　ac が b の倍数であるとき，c は b の倍数である。

例題

方程式 $3x-4y=1$ …… ①　の整数解をすべて求めなさい。

解答　$x=-1$，$y=-1$ は方程式 ① の解の 1 つであり　← 1

　　　　　　$3 \cdot (-1)-4 \cdot (-1)=1$　…… ②

　①－② から　$3(x+1)-4(y+1)=0$　…… ③　　← 2

　3 と 4 は互いに素であるから，③ により

　　　　$x+1=4k$，$y+1=3k$　（k は整数）　← 3

　したがって　$x=4k-1$，$y=3k-1$　（k は整数）

　　　他にも，たとえば，$x=3$，$y=2$ も方程式 ①
　　　の解の 1 つなので，$x=3$ は，$y=3k+2$
　　　と表すこともできる

考えかた

1 方程式を満たす整数の
組 $x=●$，$y=■$ を 1 つ見
つける。

2 方程式を
$a(x-●)+b(y-■)=0$
の形にする。

3 a と b が互いに素であ
ることを確かめて，
$x-●=bk$，$y-■=ak$
（k は整数）の形を作る。

1 次の空らんをうめて，方程式の整数解をすべて求めなさい。

(1) 方程式 $5x+2y=0$ の整数解

方程式を変形すると $5x=\boxed{}^{\text{ア}}y$ ...... ①

5 と 2 は互いに素であるから，x は 2 の倍数である。

よって，$x=\boxed{}^{\text{イ}}k$（k は整数）と表して，① に代入すると

$$y=\boxed{}^{\text{ウ}}k$$

したがって $x=\boxed{}^{\text{イ}}k,\ y=\boxed{}^{\text{ウ}}k$ （k は整数）

(2) 方程式 $5x+2y=1$ ...... ① の整数解

$x=1,\ y=\boxed{}^{\text{ア}}$ は方程式 ① の解の 1 つであり

$$5\cdot\boxed{}^{\text{イ}}+2\cdot(-2)=1 \ \cdots\cdots\ ②$$

①－② から $5\left(x-\boxed{}^{\text{ウ}}\right)+2\left(y+\boxed{}^{\text{エ}}\right)=0$

(1) により $x-\boxed{}^{\text{ウ}}=2k,\ y+\boxed{}^{\text{エ}}=-5k$ （k は整数）

したがって $x=\boxed{}^{\text{オ}},\ y=\boxed{}^{\text{カ}}$ （k は整数）

2 方程式 $4x-7y=1$ の整数解をすべて求めなさい。

1 次不定方程式と互除法

1 方程式 $ax+by=1$ を満たす整数と互除法

1 次不定方程式 $ax+by=1$ について，次のことが成り立ちます。

> 重要!　整数 a と b が互いに素であるとき，方程式 $ax+by=1$ を満たす整数 x，y の組が必ず存在する。

このような x，y の組は，互除法を利用すると，必ず見つけることができます。

たとえば，方程式 $17x+7y=1$ の係数 17 と 7 に互除法を用いると

$$17=7\cdot2+3 \qquad ← 変形すると \quad 3=17-7\cdot2$$
$$7=3\cdot2+1 \qquad ← 変形すると \quad 1=7-3\cdot2$$
$$3=1\cdot3+0 \qquad ← 最大公約数は 1$$

注　互いに素である 2 つの整数の最大公約数は 1 なので，互除法の最後の計算の直前の割り算における余りは，必ず 1 になります。

余りに着目して，この計算を逆にたどっていくと

$$1=7-3\cdot2$$
$$=7-(17-7\cdot2)\cdot2 \qquad 3=17-7\cdot2$$
$$=7\cdot5-17\cdot2 \qquad よって \qquad 17\cdot(-2)+7\cdot5=1$$

したがって，$x=-2$，$y=5$ は，方程式 $17x+7y=1$ の整数解の 1 つです。

📖 例題

互除法を利用して，方程式 $13x+35y=1$ の整数解を 1 つ求めなさい。

解答　13 と 35 に互除法を用いると　← 1

$$35=13\cdot2+9 \qquad 変形すると \quad 9=35-13\cdot2$$
$$13=9\cdot1+4 \qquad 変形すると \quad 1=13-9\cdot1$$
$$9=4\cdot2+1 \qquad 変形すると \quad 1=9-4\cdot2$$
$$4=1\cdot4+0$$

よって　$1=9-4\cdot2$

$$=9-(13-9\cdot1)\cdot2=9\cdot3-13\cdot2 \qquad ← 2$$
$$=(35-13\cdot2)\cdot3-13\cdot2=35\cdot3-13\cdot8$$

したがって，$13\cdot(-8)+35\cdot3=1$ が成り立つから，

求める整数解の 1 つは　　$x=-8$，$y=3$

考えかた

1 方程式の 2 つの係数に互除法を用いる。

2 余りに着目して計算を逆にたどり，式を再度整理する。

1   次の空らんをうめて，方程式 $29x + 9y = 1$ の整数解を 1 つ求めなさい。

方程式の係数 29，9 に互除法を用いると

$$29 = 9 \cdot \overset{\mathrm{ア}}{\boxed{}} + 2$$

$$9 = 2 \cdot \overset{\mathrm{イ}}{\boxed{}} + 1$$

余りに着目して，この計算を逆にたどっていくと

$$1 = 9 - 2 \cdot \overset{\mathrm{イ}}{\boxed{}} = 9 - \left(29 - 9 \cdot \overset{\mathrm{ア}}{\boxed{}} \right) \cdot 4$$

$$= 9 \cdot \overset{\mathrm{ウ}}{\boxed{}} - 29 \cdot \overset{\mathrm{エ}}{\boxed{}}$$

よって $29 \cdot \left(\overset{\mathrm{オ}}{\boxed{}} \right) + 9 \cdot \overset{\mathrm{カ}}{\boxed{}} = 1$

したがって，求める整数解の 1 つは $x = \overset{\mathrm{オ}}{\boxed{}}$，$y = \overset{\mathrm{カ}}{\boxed{}}$

2   次の問いに答えなさい。

(1) 互除法を利用して，方程式 $28x + 11y = 1$ の整数解を 1 つ求めなさい。

(2) (1)の結果を利用して，方程式 $28x + 11y = 1$ の整数解をすべて求めなさい。

HINT

(1)で見つけた整数解の組を使って，方程式を $a(x - \bullet) + b(y - \blacksquare) = 0$ の形にする。

42 n 進法

1 10 進法と 2 進法

私たちがいつも使っている数は,

$$523 = 5 \times 10^2 + 2 \times 10 + 3 \times 1$$

のように, 1, 10, 10^2 (=100), …… を位取りの基礎とする
10 進法 で表された数です。10 進法で表された数を 10 進数
といいます。

また, 523 のように, 各位の数字を上の位から順に左から右へ並べて数を記す方法を 位取
り記数法 といいます。

同じように, 1, 2, 2^2, …… を位取りの基礎とする数の表し方を 2 進法 といい, 2 進法
で表された数を 2 進数 といいます。

2 進数の各位の数は, 0 か 1 のいずれかです。2 進数は, 10 進数と区別するために,
$1011_{(2)}$ のように表します。

たとえば, 2 進数 $1011_{(2)}$ を 10 進法で表すと, 次のようになります。

$$1011_{(2)} = 1 \times 2^3 + 0 \times 2^2 + 1 \times 2 + 1 \times 1 = 11$$

また, 右のように 11 を 2 で割っていき, 各割り算の余り
を逆に並べると, 10 進数 11 を 2 進数 $1011_{(2)}$ で表すこと
ができます。

これは, 次のように確かめられます。

$$\begin{aligned}
11 &= 5 \times 2 + 1 = (2 \times 2 + 1) \times 2 + 1 \\
&= \{(1 \times 2 + 0) \times 2 + 1\} \times 2 + 1 \\
&= (1 \times 2^2 + 0 \times 2 + 1) \times 2 + 1 \\
&= 1 \times 2^3 + 0 \times 2^2 + 1 \times 2 + 1 \times 1
\end{aligned}$$

右の計算：

```
      余り
2) 11
2)  5  …… 1
2)  2  …… 1
2)  1  …… 0
    0  …… 1
```
下から順に並べる

例題

(1)　5 進数 $342_{(5)}$ を 10 進法で表しなさい。

(2)　10 進数 47 を 5 進法で表しなさい。

解答

(1)　$342_{(5)} = 3 \times 5^2 + 4 \times 5 + 2 \times 1$

　　　　　　$= 97$

(2)　右の計算から

　　　$47 = 142_{(5)}$

```
      余り
5) 47
5)  9  …… 2
5)  1  …… 4
    0  …… 1
```
下から順に並べる

考えかた

「5 進数」「5 進法」という条件から,

1, 5, 5^2, … を位取りの基礎とする。

右上：

５２３
百の位　十の位　一の位

各位の数は 0,1,…,9 のいずれか (最高位の数は 0 でない)。

練 習 問 題

1 次の空らんをうめなさい。

(1) 2 進数 $10110_{(2)}$ を 10 進法で表すと

$1 \times 2^4 + \overset{ア}{\boxed{}} \times 2^3 + \overset{イ}{\boxed{}} \times 2^2 + \overset{ウ}{\boxed{}} \times 2 + 0 \times 1 = \overset{エ}{\boxed{}}$

(2) 10 進数 26 を 2 進法で表すと，右の計算から

$26 = \overset{ア}{\boxed{}}_{(2)}$

$$
\begin{array}{r r c l}
 & & & 余り \\
2 \,) & 26 & & \\
2 \,) & 13 & \cdots\cdots & 0 \\
2 \,) & 6 & \cdots\cdots & 1 \\
2 \,) & 3 & \cdots\cdots & 0 \\
2 \,) & 1 & \cdots\cdots & 1 \\
 & 0 & \cdots\cdots & 1 \\
\end{array}
$$

2 次の問いに答えなさい。

(1) 次の数を 10 進法で表しなさい。

  (ア) $11110_{(2)}$ (イ) $403_{(5)}$

(2) 次の 10 進数を [ ] 内の表し方で表しなさい。

  (ア) 19 [2 進法]   (イ) 260 [5 進法]

第**3**章 数学と人間の活動

43 座標の考え方

1 座標平面

平面上に，右の図のような点Oで垂直に交わる 2 つの数直線を
とり，それらを x軸，y軸 とします。これらを 座標軸 とい
い，点Oを 原点 といいます。
右の図の点Pの位置は， 2 つの実数の組 (a, b) で表します。
このとき，a を点Pの x座標，b を点Pの y座標 といい，組
(a, b) を点Pの 座標 といいます。
このようにして座標を定めた平面を 座標平面 といいます。

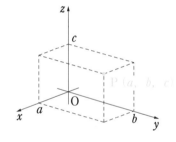

2 座標空間

座標の考え方は，空間の場合も平面の場合と同じです。
空間上に，右の図のような点Oで垂直に交わる 3 つの数
直線をとり，それらを x軸，y軸，z軸 とします。こ
れらを 座標軸 といい，点Oを 原点 といいます。
右の図の点Pの位置は， 3 つの実数の組 (a, b, c) で表
します。このとき，a を点Pの x座標，b を点Pの y
座標，c を点Pの z座標 といい，組 (a, b, c) を点P
の 座標 といいます。
このようにして座標を定めた空間を 座標空間 といいます。

例題

原点Oと点 P$(8, 6)$ の距離を求めなさい。

（解答）　右の図の直角三角形 OAP
において ←①
$$OP^2 = OA^2 + AP^2 \quad ②$$
$$= 8^2 + 6^2 = 100$$
OP>0 であるから　　OP$=\sqrt{100} = 10$
③

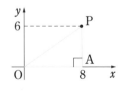

考えかた

① 点Pから座標軸に垂線
を下ろし，直角三角形を作
る。

② 三平方の定理を使う。

③ 距離であることに注意
して，正の平方根を答える。

1 　平らな公園の地点Oを原点とし，東の方向を x 軸の正の向き，北の方向を y 軸の正の向きとする座標平面を考える。次の空らんをうめなさい。

Aさんは，地点Oから東へ 12，北へ 5 進んだところに立っている。

このとき，Aさんの位置は $\left(^{\text{ア}}\boxed{},\ ^{\text{イ}}\boxed{}\right)$ と表され，

地点OとAさんの位置との距離は

$$\sqrt{^{\text{ア}}\boxed{}^{2}+^{\text{イ}}\boxed{}^{2}}=^{\text{ウ}}\boxed{}$$

Bさんは，地点Oから西へ 8，南へ 15 進んだところに立っている。

このとき，Bさんの位置は $\left(^{\text{エ}}\boxed{},\ ^{\text{オ}}\boxed{}\right)$ と表され，

地点OとBさんの位置との距離は

$$\sqrt{\left(^{\text{エ}}\boxed{}\right)^{2}+\left(^{\text{オ}}\boxed{}\right)^{2}}=^{\text{カ}}\boxed{}$$

2 　原点Oと点 P(3, 4, 2) の距離を求めなさい。

座標平面上の原点Oと
点 A$(a,\ b)$ の距離は
$$OA=\sqrt{a^2+b^2}$$
座標空間上の原点Oと
点 B$(a,\ b,\ c)$ の距離は
$$OB=\sqrt{a^2+b^2+c^2}$$

第3章 数学と人間の活動

確認テスト

1　4けたの整数 143□ が 6 の倍数であるとき，□にあてはまる数を求めなさい。

2　次の条件を満たす自然数 n のうち，最も小さいものの値をそれぞれ求めなさい。

(1)　$\sqrt{84n}$ が自然数になるような自然数 n

(2)　2014 との最大公約数が 53 であるような 4 けたの自然数 n

(3)　240 を n で割ったときの余りが 9 となるような自然数 n

3 整数 a を 7 で割ると 4 余り，整数 b を 7 で割ると 2 余る。このとき，積 ab を 7 で割ったときの余りを求めなさい。

4 次の方程式の整数解をすべて求めなさい。

(1)　$9x+4y=1$

(2)　$11x-7y=1$

5 2 進法で表された 2 数 $11000_{(2)}$，$11011_{(2)}$ の和を，5 進法で表しなさい。

初版
第1刷 2023年4月1日 発行

●編 者
　数研出版編集部
●カバー・表紙デザイン
　株式会社クラップス

発行者　星野 泰也

ISBN978-4-410-13981-9

定期テストを乗り切る　高校数学Aの超きほん

発行所　数研出版株式会社

本書の一部または全部を許可なく
複写・複製することおよび本書の
解説・解答書を無断で作成するこ
とを禁じます。

〒101-0052 東京都千代田区神田小川町2丁目3番地3
　　　　　〔振替〕00140-4-118431
〒604-0861 京都市中京区烏丸通竹屋町上る大倉町205番地
〔電話〕代表 (075)231-0161
ホームページ　https://www.chart.co.jp
印刷　創栄図書印刷株式会社
　　　乱丁本・落丁本はお取り替えいたします　230301

数 学 Ａ

の

解答と解説

1 集合の要素の個数　本冊 p.5

1 (1)　ア **10**　イ **2**　ウ **14**
　　(2)　ア **20**　イ **9**　ウ **11**

2 100 以下の自然数について，6 の倍数全体の集合を A，8 の倍数全体の集合を B とする。
　(1)　$A=\{6\cdot1,\ 6\cdot2,\ 6\cdot3,\ \cdots\cdots,\ 6\cdot16\}$ であるから　**16 個**
　(2)　$B=\{8\cdot1,\ 8\cdot2,\ 8\cdot3,\ \cdots\cdots,\ 8\cdot12\}$ であるから　**12 個**
　(3)　6 の倍数かつ 8 の倍数は 24 の倍数である。6 の倍数かつ 8 の倍数である数の集合は $A\cap B$ であるから
　　　$A\cap B=\{24\cdot1,\ 24\cdot2,\ 24\cdot3,\ 24\cdot4\}$
　よって　**4 個**
　(4)　6 の倍数または 8 の倍数である数の集合は $A\cup B$ であるから，求める個数は
$$n(A\cup B)=n(A)+n(B)-n(A\cap B)$$
$$=16+12-4=\textbf{24 (個)}$$
　(5)　100 以下の自然数の集合を全体集合 U とする。
　6 の倍数でも 8 の倍数でもない数の集合は $\overline{A\cup B}$ であるから，求める個数は
$$n(\overline{A\cup B})=n(U)-n(A\cup B)$$
$$=100-24=\textbf{76 (個)}$$

2 樹形図　本冊 p.7

1 (1)　ア **5**　イ **6**　ウ **5**
　　(2)　ア **2**　イ **2**　ウ **4**　エ **6**

2 Aが勝者となる場合は，右の樹形図のようになる。
　よって　**11 通り**

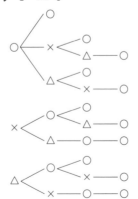

3 和の法則・積の法則　本冊 p.9

1 (1)　ア **12**　イ **3**　ウ **3**　エ **6**
　　(2)　ア **4**　イ **12**

2 (1)　目の和が 5 の倍数になる場合は，目の和が 5 または 10 になる場合で，これらは同時には起こらない。
　目の和が 5 になる場合は
　　　$(1,\ 4),\ (2,\ 3),\ (3,\ 2),\ (4,\ 1)$
　の　4 通り
　目の和が 10 になる場合は
　　　$(4,\ 6),\ (5,\ 5),\ (6,\ 4)$
　の　3 通り
　よって，目の和が 5 の倍数になる場合は
　　　$4+3=\textbf{7 (通り)}$
　(2)　積の法則により　　$5\times4=\textbf{20 (通り)}$

4 順列　本冊 p.11

1 (1)　ア **5**　イ **120**
　　(2)　ア **4**　イ **24**

2 (1)　1 番打者，2 番打者，3 番打者の順に並べればよいから
　　　${}_9\mathrm{P}_3=9\cdot8\cdot7=\textbf{504 (通り)}$
　(2)　偶数であるから，一の位は 2，4 の 2 通り
　万，千，百，十の位は，残りの 4 個の数字を並べればよいから，その並べ方は
　　　${}_4\mathrm{P}_4$ 通り
　よって，求める偶数の個数は，積の法則により
　　　$2\times{}_4\mathrm{P}_4=2\times4\cdot3\cdot2\cdot1=\textbf{48 (個)}$
　(3)　男子 2 人を 1 組にまとめて考えると，男子 1 組と女子 4 人の並び方は
　　　${}_5\mathrm{P}_5$ 通り
　男子 2 人の並び方は　　2 通り
　よって，求める並び方の総数は，積の法則により
　　　${}_5\mathrm{P}_5\times2=5\cdot4\cdot3\cdot2\cdot1\times2=\textbf{240 (通り)}$

5 円順列　　本冊 p.13

1 (1) ア 5　イ 120

(2) ア 1　イ 4　ウ 24

2 (1) 座り方は，4個のものの円順列であるから，その総数は
$$(4-1)!=3!=\textbf{6 (通り)}$$

(2) $(7-1)!=6!=\textbf{720 (通り)}$

(3) $(8-1)!=7!=\textbf{5040 (通り)}$

6 重複順列　　本冊 p.15

1 (1) ア 3　イ 60

(2) ア 5　イ 125

2 (1) 異なる6個から3個取る重複順列であるから，求める整数の個数は
$$6^3=\textbf{216 (個)}$$

(2) 異なる2個のもの（○と×）から5個取る重複順列であるから，求める答え方の総数は
$$2^5=\textbf{32 (通り)}$$

7 組合せ　　本冊 p.17

1 (1) ア 5　イ 2　ウ 10

(2) ア 6　イ 3　ウ 20

2 (1) 7個から5個取る組合せであるから
$$_7C_5={}_7C_2=\frac{7\cdot6}{2\cdot1}=\textbf{21 (通り)}$$

(2) 4個の点を1組決めると，1つの四角形ができる。
よって，できる四角形の個数は
$$_8C_4=\frac{8\cdot7\cdot6\cdot5}{4\cdot3\cdot2\cdot1}=\textbf{70 (個)}$$

8 組合せの利用　　本冊 p.19

1 (1) ア 4　イ 6　ウ 5　エ 10　オ 60

(2) ア 9　イ 3　ウ 84

2 (1) 6人から，Aに入る2人を選ぶ方法は
$$_6C_2=\frac{6\cdot5}{2\cdot1}=15\,(通り)$$

残りの4人から，Bに入る2人を選ぶ方法は
$$_4C_2=\frac{4\cdot3}{2\cdot1}=6\,(通り)$$

このとき，残りの2人はCに入るから，Cに入る2人を選ぶ方法は　　1通り
よって，求める総数は
$$15\times6\times1=\textbf{90 (通り)}$$

(2) (1)で求めた分け方で，A，B，Cの区別をなくすと，同じ分け方になるものがそれぞれ 3! 通りずつある。
よって，求める総数は
$$90\div3!=90\div6=\textbf{15 (通り)}$$

9 同じものを含む順列　　本冊 p.21

1 ア 5　イ 4　ウ 10　エ 3　オ 30

2 (1) 4個の○を並べる場所の選び方は
$$_6C_4\,通り$$
○を並べる場所が決まると，×を並べる場所は決まる。
よって，求める順列の総数は
$$_6C_4={}_6C_2=\frac{6\cdot5}{2\cdot1}=\textbf{15 (通り)}$$

(2) 1が入る3個の位の選び方は
$$_6C_3=\frac{6\cdot5\cdot4}{3\cdot2\cdot1}=20\,(通り)$$

残りの3個の位から，2が入る2個の位の選び方は
$$_3C_2=3\,(通り)$$

1，2が入る位が決まると，3の入る位は決まる。
よって，求める整数の個数は
$$20\times3=\textbf{60 (個)}$$

3

10 事象と確率 本冊 p. 23

1 ア 3 イ 3 ウ 9 エ $\dfrac{1}{4}$

2 3個の玉の取り出し方は，全部で

$$_9C_3 = \frac{9\cdot 8\cdot 7}{3\cdot 2\cdot 1} = 84 \,(通り)$$

(1) 3個とも赤玉が出る場合は
$$_4C_3 = {}_4C_1 = 4\,(通り)$$
よって，求める確率は
$$\frac{4}{84} = \frac{1}{21}$$

(2) 白玉2個，青玉1個が出る場合は
$$_3C_2 \times {}_2C_1 = 3\times 2 = 6\,(通り)$$
よって，求める確率は
$$\frac{6}{84} = \frac{1}{14}$$

(3) すべての色の玉が出るのは，赤玉1個，白玉1個，青玉1個が出る場合で
$$_4C_1 \times {}_3C_1 \times {}_2C_1 = 4\times 3\times 2 = 24\,(通り)$$
よって，求める確率は
$$\frac{24}{84} = \frac{2}{7}$$

11 確率の基本性質 本冊 p. 25

1 ア 4 イ $\dfrac{1}{16}$ ウ $\dfrac{15}{16}$

2 (1) 3個とも同じ色の玉が出るという事象は，
A：3個とも赤玉が出る
B：3個とも白玉が出る
という2つの事象の和事象である。
$$P(A) = \frac{_5C_3}{_8C_3} = \frac{10}{56}$$
$$P(B) = \frac{_3C_3}{_8C_3} = \frac{1}{56}$$
A，Bは互いに排反であるから，求める確率は
$$\frac{10}{56} + \frac{1}{56} = \frac{11}{56}$$

(2) さいころの目の出方は
$$6\times 6 = 36\,(通り)$$
異なる目が出るという事象は，同じ目が出るという事象の余事象である。
同じ目が出る確率は
$$\frac{6}{36} = \frac{1}{6}$$
よって，求める確率は
$$1 - \frac{1}{6} = \frac{5}{6}$$

12 独立な試行の確率 本冊 p. 27

1 ア 独立 イ $\dfrac{1}{2}$ ウ $\dfrac{5}{6}$ エ $\dfrac{5}{12}$

2 袋Aから玉を取り出す試行と袋Bから玉を取り出す試行は独立である。

(1) 袋Aから赤玉が出る確率は $\dfrac{5}{8}$

袋Bから赤玉が出る確率は $\dfrac{4}{8} = \dfrac{1}{2}$

よって，求める確率は
$$\frac{5}{8} \times \frac{1}{2} = \frac{5}{16}$$

(2) 袋Aから白玉が出る確率は $\dfrac{3}{8}$

袋Bから白玉2個が出る確率は
$$\frac{_4C_2}{_8C_2} = \frac{6}{28} = \frac{3}{14}$$
よって，求める確率は
$$\frac{3}{8} \times \frac{3}{14} = \frac{9}{112}$$

13 反復試行の確率 本冊 p. 29

1 ア 1 イ 6 ウ $\dfrac{3}{8}$

2 (1) 玉を1個取り出すとき，赤玉が出る
確率は $\dfrac{4}{6} = \dfrac{2}{3}$

よって，求める確率は
$$_5C_4 \left(\frac{2}{3}\right)^4 \left(1 - \frac{2}{3}\right)^{5-4} = 5\cdot \left(\frac{2}{3}\right)^4 \cdot \frac{1}{3}$$
$$= \frac{80}{243}$$

(2) 赤玉が4回以上出るという事象は,

　　　A：赤玉がちょうど4回出る

　　　B：赤玉が5回とも出る

という2つの事象の和事象である。

$$P(A)=\frac{80}{243}, \quad P(B)=\left(\frac{2}{3}\right)^5=\frac{32}{243}$$

A，B は互いに排反であるから，求める確率は

$$\frac{80}{243}+\frac{32}{243}=\boldsymbol{\frac{112}{243}}$$

14 条件付き確率　　本冊 p. 31

1 ア $\dfrac{3}{10}$　イ $\dfrac{2}{9}$　ウ $\dfrac{1}{15}$

2 (1) 1回目に赤玉が出るという事象をA，2回目に赤玉が出るという事象をBとする。

1回目に赤玉が出たとき，袋の中には赤玉6個と白玉5個が入っているから，求める確率は　　$P_A(B)=\boldsymbol{\dfrac{6}{11}}$

(2) 2回とも赤玉が出るという事象は $A\cap B$ である。

$$P(A)=\frac{7}{12}, \quad P_A(B)=\frac{6}{11}$$

求める確率は，確率の乗法定理により

$$P(A\cap B)=P(A)\,P_A(B)$$
$$=\frac{7}{12}\times\frac{6}{11}=\boldsymbol{\frac{7}{22}}$$

(3) 2回目に白玉が出るという事象をCとする。赤玉，白玉の順に出るという事象は $A\cap C$ である。

$$P_A(C)=\frac{5}{11}$$

求める確率は，確率の乗法定理により

$$P(A\cap C)=P(A)\,P_A(C)$$
$$=\frac{7}{12}\times\frac{5}{11}=\boldsymbol{\frac{35}{132}}$$

15 いろいろな確率の計算　　本冊 p. 33

1 ア $\dfrac{1}{7}$　イ $\dfrac{2}{7}$　ウ 14　エ $\dfrac{1}{4}$

2 Bから取り出した玉が赤玉であるという事象は，次の2つの事象の和事象である。

[1] Aから取り出した玉が赤玉である場合，その確率は

$$\frac{4}{6}\times\frac{4}{7}=\frac{16}{42}$$

[2] Aから取り出した玉が白玉である場合，その確率は

$$\frac{2}{6}\times\frac{3}{7}=\frac{6}{42}$$

[1]，[2] は互いに排反であるから，求める確率は　　$\dfrac{16}{42}+\dfrac{6}{42}=\dfrac{22}{42}=\boldsymbol{\dfrac{11}{21}}$

16 期待値　　本冊 p. 35

1 ア 100　イ 83　ウ 10　エ 5

オ 2　カ 633

2 (1) 表の出る枚数は 0，1，2 で，それぞれの確率は，下の表のようになる。

枚数	0	1	2	計
確率	$\frac{1}{4}$	$\frac{2}{4}$	$\frac{1}{4}$	1

よって，求める期待値は

$$0\times\frac{1}{4}+1\times\frac{2}{4}+2\times\frac{1}{4}=\boldsymbol{1}\,(\text{枚})$$

(2) 白玉を取り出さない確率は

$$\frac{{}_4C_2}{{}_9C_2}=\frac{3}{18}$$

白玉を1個取り出す確率は

$$\frac{{}_4C_1\cdot{}_5C_1}{{}_9C_2}=\frac{10}{18}$$

白玉を2個取り出す確率は

$$\frac{{}_5C_2}{{}_9C_2}=\frac{5}{18}$$

それぞれの確率は，下の表のようになる。

個数	0	1	2	計
確率	$\frac{3}{18}$	$\frac{10}{18}$	$\frac{5}{18}$	1

よって，求める期待値は

$$0\times\frac{3}{18}+1\times\frac{10}{18}+2\times\frac{5}{18}=\boldsymbol{\frac{10}{9}}\,(\text{個})$$

1 50 以下の自然数について，3 の倍数全体の集合を A，7 の倍数全体の集合を B とする。

(1) 3 の倍数かつ 7 の倍数は 21 の倍数である。3 の倍数かつ 7 の倍数である数の集合は $A \cap B$ であるから
$$A \cap B = \{21 \cdot 1, \ 21 \cdot 2\}$$
よって　**2 個**

(2) $A = \{3 \cdot 1, \ 3 \cdot 2, \ 3 \cdot 3, \ \cdots\cdots, \ 3 \cdot 16\}$
$B = \{7 \cdot 1, \ 7 \cdot 2, \ 7 \cdot 3, \ \cdots\cdots, \ 7 \cdot 7\}$
3 の倍数または 7 の倍数である数の集合は $A \cup B$ であるから，求める個数は
$$n(A \cup B) = n(A) + n(B) - n(A \cap B)$$
$$= 16 + 7 - 2 = \textbf{21 (個)}$$

2 (1) 千の位は，1，2，3，4，5 の 5 通り
百，十，一の位は，残りの 5 個の数字から 3 個を取り出して並べればよいから，その並べ方は $_5P_3$ 通り
よって，求める整数の個数は，積の法則により　$5 \times {}_5P_3 = 5 \times 5 \cdot 4 \cdot 3 = \textbf{300 (個)}$

(2) 千の位と一の位は，3 個の奇数 1，3，5 から 2 個を取り出して並べればよいから，その並べ方は $_3P_2$ 通り
百，十の位は，残りの 4 個の数字から 2 個を取り出して並べればよいから，その並べ方は $_4P_2$ 通り
よって，求める整数の個数は，積の法則により　${}_3P_2 \times {}_4P_2 = 3 \cdot 2 \times 4 \cdot 3 = \textbf{72 (個)}$

3 8 個の頂点から 2 個を選んでできる線分は
$$_8C_2 = \frac{8 \cdot 7}{2 \cdot 1} = 28 \, (本)$$
このうち，正八角形の辺になるものが 8 本あるから，求める対角線の本数は
$$28 - 8 = \textbf{20 (本)}$$

4 少なくとも 1 個は赤玉が出るという事象は，白玉が 3 個出るという事象の余事象である。
白玉が 3 個出る確率は
$$\frac{{}_5C_3}{{}_9C_3} = \frac{10}{84} = \frac{5}{42}$$
よって，求める確率は
$$1 - \frac{5}{42} = \frac{\textbf{37}}{\textbf{42}}$$

5 1 個のさいころを投げるとき，2 以下の目が出る確率は　$\dfrac{2}{6} = \dfrac{1}{3}$
よって，求める確率は
$$_5C_3 \left(\frac{1}{3}\right)^3 \left(1 - \frac{1}{3}\right)^2 = 10 \cdot \left(\frac{1}{3}\right)^3 \cdot \left(\frac{2}{3}\right)^2$$
$$= \frac{\textbf{40}}{\textbf{243}}$$

6 B から取り出した 2 個の玉の色が異なるという事象は，次の 2 つの事象の和事象である。

[1] A から取り出した玉が赤玉である場合，その確率は
$$\frac{5}{8} \times \frac{{}_5C_1 \cdot {}_2C_1}{{}_7C_2} = \frac{5}{8} \times \frac{10}{21} = \frac{50}{168}$$

[2] A から取り出した玉が白玉である場合，その確率は
$$\frac{3}{8} \times \frac{{}_4C_1 \cdot {}_3C_1}{{}_7C_2} = \frac{3}{8} \times \frac{12}{21} = \frac{36}{168}$$

[1]，[2] は互いに排反であるから，求める確率は　$\dfrac{50}{168} + \dfrac{36}{168} = \dfrac{86}{168} = \dfrac{\textbf{43}}{\textbf{84}}$

7 硬貨の表裏の出方は全部で 4 通りあり，各場合の合計金額は，右の表のようになる。

100 円	10 円	合計
表	表	110 円
表	裏	100 円
裏	表	10 円
裏	裏	0 円

それぞれの場合の確率はいずれも $\dfrac{1}{4}$ であるから，求める期待値は，
$$0 \times \frac{1}{4} + 10 \times \frac{1}{4} + 100 \times \frac{1}{4} + 110 \times \frac{1}{4}$$
$$= \textbf{55 (円)}$$

17 平面図形の基本的な性質　　本冊 p. 39

1 (1)　ア **67**　イ **123**　ウ **67**

　　(2)　ア **54**　イ **142**

2 (1)　∠BAC＝∠EDF＝84° であるから

　　　　∠ABC＝180°－(84°＋30°)＝**66°**

　　(2)　AB：DE＝BC：EF であるから

　　　　　　6：DE＝12：8

　　　　　　12×DE＝6×8

　　　よって　　　DE＝**4 cm**

18 三角形と線分の比　　本冊 p. 41

1 (1)　ア **1**　イ **3**

　　(2)　ア **F**　イ **I**　ウ **J**　エ **D**

2 (1)　PQ∥AB であるから

　　　　　CQ：CB＝QP：BA

　　　　　6：(6＋4)＝3：x

　　　　　　　　6x＝30

　　　よって　　　　x＝**5**

　　(2)　PQ∥AB であるから

　　　　　CB：CQ＝AB：PQ

　　　　　5：(x－5)＝10：8

　　　　　　　　40＝10(x－5)

　　　よって　　　　x＝**9**

19 角の二等分線と比　　本冊 p. 43

1 (1)　ア **2**　イ **6**

　　(2)　ア **1**　イ **1**　ウ **6**　エ **12**

2 (1)　BD＝x cm とおく。

　　　AD は ∠A の二等分線であるから

　　　　　　BD：DC＝AB：AC

　　　　　　x：(6－x)＝5：4

　　　　　　　　4x＝5(6－x)

　　　これを解くと　　x＝$\dfrac{10}{3}$

　　　よって　　BD＝$\dfrac{\mathbf{10}}{\mathbf{3}}$ **cm**

　　(2)　BE は ∠B の二等分線であるから

　　　　　AE：ED＝BA：BD

　　　　　AE：ED＝5：$\dfrac{10}{3}$＝15：10＝**3：2**

20 三角形の外心　　本冊 p. 45

1　ア **36**　イ **19**　ウ **55**

2 (1)　OA＝OB である

　　から

　　　　∠OBA＝∠OAB

　　　　　　　　＝33°

　　OB＝OC であるから

　　　　∠OBC＝∠OCB

　　　　　　　　＝38°

　　よって　　∠x＝33°＋38°＝**71°**

　　(2)　OA＝OB である

　　から

　　　　∠OAB＝∠OBA

　　　　　　　　＝23°

　　よって

　　　　∠OAC＝64°－23°

　　　　　　　　＝41°

　　OA＝OC であるから

　　　　∠x＝∠OAC＝**41°**

21 三角形の内心　　本冊 p. 47

1　ア **ABC**　イ **35**　ウ **ACB**　エ **27**

　　オ **118**

2 (1)　∠IAB＝∠IAC であるから

　　　　　∠BAC＝41°×2＝82°

　　　∠IBA＝∠IBC であるから

　　　　　∠ABC＝30°×2＝60°

　　　よって　　∠x＝180°－(82°＋60°)＝**38°**

　　(2)　△IBC において

　　　　∠IBC＋∠ICB＝180°－123°

　　　　　　　　　　　＝57°

　　　∠IBA＝∠IBC，∠ICA＝∠ICB より

　　　　∠ABC＝2∠IBC，∠ACB＝2∠ICB

　　　であるから

　　　　∠ABC＋∠ACB＝2(∠IBC＋∠ICB)

　　　　　　　　　　　＝2×57°

　　　　　　　　　　　＝114°

　　　よって，△ABC において

　　　　∠x＝180°－114°＝**66°**

22 三角形の重心 　　　本冊 p. 49

1 (1) ア 45　イ BC　ウ 5
　 (2) ア 4　イ 2　ウ 6

2 (1) AG：GD＝2：1 であるから
　　　　　　AG：4＝2：1
　　　　　　AG＝8 cm
　　よって　　AD＝8＋4＝**12 (cm)**
　 (2) 　　　BC＝2DC＝18 (cm)
　　PQ∥BC であるから
　　　　　AP：AB＝AG：AD＝2：3
　　よって　PQ：BC＝AP：AB＝2：3
　　　　　　PQ：18＝2：3
　　したがって　　PQ＝**12 cm**

23 チェバの定理・メネラウスの定理 　本冊 p. 51

1 (1) ア 1　イ 4　ウ 2
　 (2) ア 5　イ 1　ウ 5

2 (1) △ABC において，チェバの定理により

$$\frac{BP}{PC}\cdot\frac{CQ}{QA}\cdot\frac{AR}{RB}=1$$

　　よって，$\dfrac{3}{4}\cdot\dfrac{CQ}{QA}\cdot\dfrac{2}{3}=1$ から

　　　　　　CQ：QA＝2：1

　 (2) △ABQ と直線 CR において，メネラウスの定理により

$$\frac{AR}{RB}\cdot\frac{BO}{OQ}\cdot\frac{QC}{CA}=1$$

　　よって，

　　　$\dfrac{2}{3}\cdot\dfrac{BO}{OQ}\cdot\dfrac{2}{3}=1$

　　から

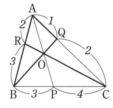

　　　BO：OQ＝**9：4**

24 円周角の定理 　　　本冊 p. 53

1 ア ADB　イ ACD　ウ 55　エ 73

2 (1) $\overset{\frown}{BC}$ に対して，円周角の定理により

$$\angle x=\frac{1}{2}\angle BOC=\frac{1}{2}\times130°=\textbf{65°}$$

　　OA＝OB であるから
　　　　　∠OAB＝∠OBA＝37°
　　よって　　∠OAC＝65°－37°＝28°
　　OA＝OC であるから
　　　　　∠y＝∠OAC＝**28°**

　 (2) AC は円の直径であるから
　　　　　∠ADC＝90°
　　$\overset{\frown}{BC}$ に対して，円周角の定理により
　　∠BDC＝∠BAC＝50°
　　であるから
　　　　　∠x＝90°－50°＝**40°**
　　AC と BD の交点を E とすると，△CDE において
　　　　　∠y＝116°－50°＝**66°**

25 円に内接する四角形 　　本冊 p. 55

1 (1) ア 86　イ 113
　 (2) ア 82　イ 98　ウ DCF

2 (1) △ABD において
　　　　　∠BAD＝180°－(43°＋67°)＝70°
　　四角形 ABCD は円に内接しているから
　　　　　∠x＝180°－∠BAD＝180°－70°
　　　　　　＝**110°**

　 (2) △CDE において
　　　　　∠ECF＝36°＋43°＝79°
　　四角形 ABCD は円に内接しているから
　　　　　∠FBC＝∠ADC＝43°
　　よって，△BFC において
　　　　　∠x＝180°－(79°＋43°)＝**58°**

26 円と接線

本冊 p. 57

1 (1) ア **90** イ **138**

(2) ア **PBA** イ **42** ウ **69**

2 (1) $\qquad$ BF＝AB－AF＝12－x

BD＝BF であるから

$\qquad$ BD＝**12－x**

よって CD＝BC－BD

$\qquad\qquad$ ＝11－(12－x)

$\qquad\qquad$ ＝**x－1**

(2) $\qquad$ AE＝AF＝x

(1)から $\qquad$ CE＝CD＝x－1

AC＝AE＋CE であるから

$\qquad$ x＋(x－1)＝9

これを解くと $\qquad$ x＝5

よって $\qquad$ AF＝**5**

27 接線と弦の作る角

本冊 p. 59

1 ア **44** イ **61**

2 (1) 円の接線と弦の作る角により

$\qquad$ ∠ABC＝69°

BC は円の直径であるから

$\qquad$ ∠BAC＝90°

よって，△ABC において

$\qquad$ ∠x＝180°－(69°＋90°)＝**21°**

(2) △ABD において

$\qquad$ ∠ABD＝72°－41°＝31°

円の接線と弦の作る角により

$\qquad$ ∠DAC＝31°

よって $\qquad$ ∠x＝180°－(31°＋72°)＝**77°**

(3) 円の接線と弦の作る角により

$\qquad$ ∠ABD＝44°

四角形 ABCD は円に内接しているから

$\qquad$ ∠DAB＝180°－72°＝108°

よって，△ABD において

$\qquad$ ∠x＝180°－(108°＋44°)＝**28°**

28 方べきの定理

本冊 p. 61

1 (1) ア **PB** イ **PD** ウ **x** エ **4** オ **10**

(2) ア **PT^2** イ **64** ウ **16**

2 (1) $\qquad$ PC＝PO－OC＝7－r

$\qquad$ PD＝PO＋OD＝7＋r

よって，方べきの定理により

$\qquad$ PA・PB＝PC・PD

$\qquad\qquad$ ＝(7－r)(7＋r)＝**49－r^2**

(2) (1)より，5×(5＋3)＝49－r^2 である

から

$\qquad\qquad$ r^2＝9

r＞0 であるから $\qquad$ r＝3

よって，円の半径は $\qquad$ **3**

29 2つの円

本冊 p. 63

1 ア **内接する** イ **2点で交わる**

ウ **外接する** エ **互いに外部にある**

2 右の図のように，
O′ から線分 OA
の延長に垂線
O′H を引く。
四 角 形 AHO′B
は長方形であるから

$\qquad$ AH＝BO′＝3

よって $\qquad$ OH＝5＋3＝8

△OO′H は直角三角形であるから

$\qquad$ O′H^2＝OO′^{2}－OH^2

$\qquad$ O′H＝$\sqrt{10^2-8^2}$＝$\sqrt{36}$＝6

したがって $\qquad$ AB＝O′H＝**6**

9

30 作図 本冊 p. 65

1 ア 二等分線　イ 二等分線　ウ 垂線
エ I　オ ID

2 ① 点Aから半直線
AX を引く。

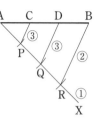

② 半直線 AX 上に，
Aから等間隔に順に
3点 P，Q，R をとり，
線分 RB を引く。

③ 点 P，Q から RB に平行な直線を引
き，線分 AB との交点をそれぞれ C，D
とする。

このとき，点 C，D は線分 AB を3等分
する。

31 空間図形の基本的な性質 本冊 p. 67

1 (1)　ア 平行　イ DH，CG，EH，FG
(2)　ア 垂直　イ 平行

2 (1)　△ACD は AC＝AD の二等辺三角
形で，M は辺 CD の中点であるから
$$AM \perp CD$$
また，△BCD は BC＝BD の二等辺三
角形で，M は辺 CD の中点であるから
$$BM \perp CD$$
したがって，直線 CD は面 AMB 上の
交わる2直線 AM，BM に垂直であるか
ら，面 AMB と直線 CD は垂直である。

(2)　△ACM は直角三角形であるから
$$AM^2 = AC^2 - CM^2$$
$$AM = \sqrt{(\sqrt{5})^2 - 1^2} = \sqrt{4} = 2$$
△BCM において，同様に　BM＝2
よって，△ABM は正三角形である。
(1)より，面 ACD と面 BCD のなす角の
大きさは，∠AMB の大きさに等しい。
したがって，求める大きさは　　**60°**

32 多面体 本冊 p. 69

1 (1)　ア 5　イ 9　ウ 6　エ 2
(2)　ア 9　イ 16　ウ 9　エ 2

2 (1)　右の図から，
頂点の数は

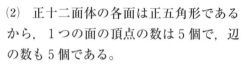

　　　6個
辺の数は

　　　12個

(2)　正十二面体の各面は正五角形である
から，1つの面の頂点の数は5個で，辺
の数も5個である。
正十二面体のどの頂点にも面が3つずつ
集まっている。
よって，正十二面体の頂点の数は
$$(5 \times 12) \div 3 = \textbf{20 (個)}$$
また，正十二面体のどの辺にも面が2つ
ずつ集まっている。
よって，正十二面体の辺の数は
$$(5 \times 12) \div 2 = \textbf{30 (個)}$$

1 (1) △CBD において，中点連結定理に

より　　　　$MN=\dfrac{1}{2}BD$

よって　　　$BD:MN=\mathbf{2:1}$

(2) 対角線 AC，
BD の交点を O とす
ると，O は AC，
BD の中点である。
このとき，点 P は
△ABC の重心になるから
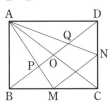

　　　　　　$BP:PO=2:1$

よって　　　$BO=3PO$

△ACD において，同様に　$DO=3QO$

したがって　　$BD=BO+DO$

　　　　　　　　$=3PO+3QO=3PQ$

すなわち　$BD:PQ=\mathbf{3:1}$

2 (1) △ACD と △BCE において，
共通な角であるから

　　　　　　$\angle ACD=\angle BCE$　　……①

$\overgroup{DE}$ に対して，円周角の定理により

　　　　　　$\angle EAD=\angle DBE$

すなわち　$\angle CAD=\angle CBE$　　……②

①，②より，2 組の角がそれぞれ等し
いから　　　　$△ACD∽△BCE$

(2) AB は円の直径であるから

　　　　　　$\angle ADB=90°$

線分 AD は，二等辺三角形 ABC の頂点
A から底辺 BC に引いた垂線であるから，
D は辺 BC の中点である。

(1) より　$AC:BC=CD:CE$

　　　　　　$3:2=1:CE$

よって　　　　$CE=\dfrac{2}{3}$

3 (1) 2 直線 QA，QP は円 O の接線であ
るから　　　$QA=QP$

2 直線 QB，QP は円 O′ の接線である
から　　　$QB=QP$

$QA=QP=QB$ が成り立つから，点 P は
線分 AB を直径とする円周上の点である。

よって　　$\angle APB=\mathbf{90°}$

(2) 右の図のよう
に，O′ から線分
OA に垂線 O′H を
引く。
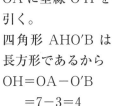
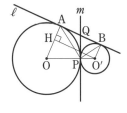
四角形 AHO′B は
長方形であるから

$OH=OA-O′B$

　　$=7-3=4$

△OO′H は直角三角形であるから

　　$O′H^2=OO′^2-OH^2$

　　$O′H=\sqrt{10^2-4^2}=\sqrt{84}=2\sqrt{21}$

したがって　　$AB=O′H=\mathbf{2\sqrt{21}}$

4 ①　点 A から半直線 AX を引く。

②　半直線 AX 上に，A から等間隔に順
に 5 点 P，Q，R，S，T をとり，線分
TB を引く。

③　点 R から TB に平行な直線を引き，
線分 AB との交点を C とする。

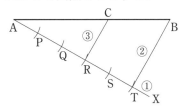

このとき，$AR:RT=3:2$ であるから，
点 C は線分 AB を 3:2 に内分する。

5 立方体の 1 辺の長さを a とする。

正八面体は，形と大きさがそれぞれ同じ
2 つの正四角錐に分けられる。

正四角錐の底面の面積は，1 辺 a の正方

形の面積の半分で，高さは $\dfrac{1}{2}a$ である。

よって，その体積は

$$\dfrac{1}{3}\times\left(a^2\times\dfrac{1}{2}\right)\times\dfrac{1}{2}a=\dfrac{a^3}{12}$$

したがって，正八面体の体積は

$$\dfrac{a^3}{12}\times2=\dfrac{a^3}{6}$$

立方体の体積は a^3 であるから，立方体
の体積は正八面体の体積の　**6 倍**

33 約数と倍数　本冊 p. 73

1 (1)　ア 6　イ −5
(2)　ア −1　イ 9
(3)　ア −14　イ 0　ウ 14

2 (1)　a, b が 5 の倍数ならば, k, l を整数として,
$$a=5k, \quad b=5l$$
と表される。
このとき　$a-b=5k-5l$
$$=5(k-l)$$
$k-l$ は整数であるから, $a-b$ は 5 の倍数である。
(2)　a, $a+b$ が 3 の倍数ならば, k, l を整数として,
$$a=3k, \quad a+b=3l$$
と表される。
このとき　$b=(a+b)-a=3l-3k$
$$=3(l-k)$$
$l-k$ は整数であるから, b は 3 の倍数である。

34 倍数の判定法　本冊 p. 75

1 (1)　ア −　イ 2
(2)　ア 24　イ 3

2 □にあてはまる数は 0 から 9 までの整数である。
(1)　6□2 が 9 の倍数であるとき, 各位の数の和は 9 の倍数である。
$$6+□+2=8+□$$
であるから　$8+□=9$
よって, □にあてはまる数は　**1**
(2)　248□ が 2 の倍数であるとき,
□にあてはまる数は　0, 2, 4, 6, 8
248□ が 3 の倍数であるとき, 各位の数の和は 3 の倍数である。
$$2+4+8+□=14+□$$
であるから　$14+□=15, 18, 21$
よって, □にあてはまる数は　1, 4, 7
したがって, 248□ が 2 の倍数かつ 3 の倍数であるとき, □にあてはまる数は　**4**

35 素数と素因数分解　本冊 p. 77

1 (1)　ア 2　イ 2　ウ 3
(2)　ア 3　イ 3　ウ 3^2

2 (1)　$54=2 \cdot 3 \cdot 3 \cdot 3 = 2 \cdot 3^3$
54 の正の約数は,

$\quad$ 1, 2　　　　　から 1 個
$\quad$ 1, 3, 3^2, 3^3 から 1 個

をそれぞれ選んで掛けたものである。
よって, その個数は　$2 \times 4 = $ **8** (個)

$$\begin{array}{r} 2)\underline{54} \\ 3)\underline{27} \\ 3)\underline{9} \\ 3 \end{array}$$

(2)　$441=3 \cdot 3 \cdot 7 \cdot 7 = 3^2 \cdot 7^2$
441 の正の約数は,

$\quad$ 1, 3, 3^2 から 1 個
$\quad$ 1, 7, 7^2 から 1 個

をそれぞれ選んで掛けたものである。
よって, その個数は　$3 \times 3 = $ **9** (個)

$$\begin{array}{r} 3)\underline{441} \\ 3)\underline{147} \\ 7)\underline{49} \\ 7 \end{array}$$

(3)　$2000=2 \cdot 2 \cdot 2 \cdot 2 \cdot 5 \cdot 5 \cdot 5$
$\qquad = 2^4 \cdot 5^3$
2000 の正の約数は,

$\quad$ 1, 2, 2^2, 2^3, 2^4 から 1 個
$\quad$ 1, 5, 5^2, 5^3 から 1 個

をそれぞれ選んで掛けたものである。
よって, その個数は　$5 \times 4 = $ **20** (個)

$$\begin{array}{r} 2)\underline{2000} \\ 2)\underline{1000} \\ 2)\underline{500} \\ 2)\underline{250} \\ 5)\underline{125} \\ 5)\underline{25} \\ 5 \end{array}$$

36 最大公約数・最小公倍数　本冊 p. 79

1 (1)　ア 1, 2, 7, 14　イ 14
(2)　ア 48　イ 最小公倍数

2 (1)　$84=2 \cdot 2 \cdot 3 \cdot 7$
$\qquad 90=2 \cdot 3 \cdot 3 \cdot 5$
であるから
$\quad$ 最大公約数は　$2 \cdot 3 = $ **6**
$\quad$ 最小公倍数は　$2 \cdot 2 \cdot 3 \cdot 3 \cdot 5 \cdot 7 = $ **1260**
(2)　$315=3 \cdot 3 \cdot 5 \cdot 7$
$\qquad 700=2 \cdot 2 \cdot 5 \cdot 5 \cdot 7$
であるから
$\quad$ 最大公約数は　$5 \cdot 7 = $ **35**
$\quad$ 最小公倍数は　$2 \cdot 2 \cdot 3 \cdot 3 \cdot 5 \cdot 5 \cdot 7 = $ **6300**

37 割り算における商と余り　本冊 p. 81

1 (1)　ア 3　イ 5
(2)　ア −6　イ 3
(3)　ア 割り切れる　イ −9

2 a, b は，k, l を整数として，
$$a=4k+2, \quad b=4l+3$$
と表される。
(1)　$a+b=(4k+2)+(4l+3)$
$$=4k+4l+5$$
$$=4(k+l+1)+1$$
$k+l+1$ は整数であるから，$a+b$ を 4
で割ったときの余りは　**1**
(2)　$ab=(4k+2)(4l+3)$
$$=16kl+12k+8l+6$$
$$=4(4kl+3k+2l+1)+2$$
$4kl+3k+2l+1$ は整数であるから，ab
を 4 で割ったときの余りは　**2**

38 余りと整数の分類　本冊 p. 83

1　ア $2k-1$　イ $4k^2-4k+1$　ウ 8

2 連続する 2 つの整数がともに 3 で割り切
れないとき，k を整数として，
$$小さい方は　3k+1$$
$$大きい方は　3k+2$$
と表される。
このとき，これらの積は
$$(3k+1)(3k+2)=9k^2+9k+2$$
$$=3(3k^2+3k)+2$$
$3k^2+3k$ は整数であるから，積を 3 で割
ったときの余りは　**2**

39 ユークリッドの互除法　本冊 p. 85

1　ア 2　イ 69　ウ 23　エ 23

2 (1)　$286=182\cdot1+104$
$$182=104\cdot1+78$$
$$104=78\cdot1+26$$
$$78=26\cdot3+0$$
よって，最大公約数は　**26**
(2)　$867=357\cdot2+153$
$$357=153\cdot2+51$$
$$153=51\cdot3+0$$
よって，最大公約数は　**51**

40 1 次不定方程式　本冊 p. 87

1 (1)　ア −2　イ 2　ウ −5
(2)　ア −2　イ 1　ウ 1　エ 2
オ $2k+1$　カ $-5k-2$

2　$$4x-7y=1 \qquad \cdots\cdots ①$$
$x=2$, $y=1$ は方程式 ① の解の 1 つであ
り
$$4\cdot2-7\cdot1=1 \qquad \cdots\cdots ②$$
①−② から
$$4(x-2)-7(y-1)=0 \qquad \cdots\cdots ③$$
4 と 7 は互いに素であるから，③ によ
り
$$x-2=7k, \quad y-1=4k \quad （k は整数）$$
したがって
$$\boldsymbol{x=7k+2, \quad y=4k+1} \quad （\boldsymbol{k} は整数）$$

41 1次不定方程式と互除法 本冊 p. 89

1 ア 3 イ 4 ウ 13 エ 4 オ −4
   カ 13

2 (1) 28 と 11 に互除法を用いると

$$28=11 \cdot 2+6$$
$$11=6 \cdot 1+5$$
$$6=5 \cdot 1+1$$
$$5=1 \cdot 5+0$$

よって
$$1=6-5 \cdot 1$$
$$=6-(11-6 \cdot 1) \cdot 1$$
$$=6 \cdot 2-11 \cdot 1$$
$$=(28-11 \cdot 2) \cdot 2-11 \cdot 1$$
$$=28 \cdot 2-11 \cdot 5$$

したがって，$28 \cdot 2+11 \cdot(-5)=1$ が成り立つから，求める整数解の 1 つは

$$x=2, \quad y=-5$$

(2)
$$28x+11y=1$$
$$28 \cdot 2+11 \cdot(-5)=1$$

よって $28(x-2)+11(y+5)=0$

28 と 11 は互いに素であるから

$$x-2=11k, \quad y+5=-28k \quad (k は整数)$$

したがって

$$x=11k+2, \quad y=-28k-5 \quad (k は整数)$$

42 n 進法 本冊 p. 91

1 (1) ア 0 イ 1 ウ 1 エ 22
   (2) ア 11010

2 (1) (ア) $11110_{(2)}=1 \times 2^4+1 \times 2^3+1 \times 2^2$
$$+1 \times 2+0 \times 1$$
$$=30$$

(イ) $403_{(5)}=4 \times 5^2+0 \times 5+3 \times 1$
$$=103$$

(2) (ア) 右の計算から
$$19=10011_{(2)}$$

```
2)19     余り
2) 9 …… 1
2) 4 …… 1
2) 2 …… 0
2) 1 …… 0
   0 …… 1
```

(イ) 右の計算から
$$260=2020_{(5)}$$

```
5)260     余り
5) 52 …… 0
5) 10 …… 2
5) 2 …… 0
   0 …… 2
```

43 座標の考え方 本冊 p. 93

1 ア 12 イ 5 ウ 13 エ −8 オ −15
   カ 17

2

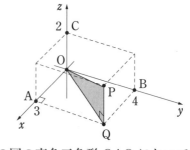

上の図の直角三角形 OAQ において
$$OQ^2=OA^2+AQ^2$$
$$=OA^2+OB^2$$
$$=3^2+4^2=25$$

直角三角形 OPQ において
$$OP^2=OQ^2+PQ^2$$
$$=OQ^2+OC^2$$
$$=25+2^2=29$$

OP＞0 であるから $OP=\sqrt{29}$

1 $143\square$ は 2 の倍数であるから，$\square$ にあてはまる数は

$$0,\ 2,\ 4,\ 6,\ 8\quad \cdots\cdots ①$$

$143\square$ は 3 の倍数であるから，各位の数の和は 3 の倍数である。

$$1+4+3+\square=8+\square$$

であるから　　$8+\square=9,\ 12,\ 15$

よって，$\square$ にあてはまる数は

$$1,\ 4,\ 7\quad \cdots\cdots ②$$

$\square$ にあてはまる数は，① と ② に共通する数であるから　　**4**

2 (1) $\sqrt{84n}$ が自然数になるのは，$84n$ が自然数の平方になるときである。

$$\sqrt{84n}=\sqrt{2^2\cdot 3\cdot 7\cdot n}$$

であるから，このような条件を満たす最も小さい n の値は　　$n=3\cdot 7=\textbf{21}$

(2) n は 53 の倍数である。

4 けたの 53 の倍数を，小さい順に並べると

$$53\cdot 19=1007,\ 53\cdot 20=1060,$$
$$53\cdot 21=1113,\ \cdots\cdots$$

$2014=2\cdot 19\cdot 53$ であるから，n は 2, 19 を因数にもたない。

よって，求める n は　　$n=\textbf{1113}$

(3) 240 を n で割ったときの商を q とすると

$$240=nq+9$$
$$nq=231$$

よって，n は 231 の約数である。

$$231=3\cdot 7\cdot 11$$

n は余り 9 より大きいから　　$n=\textbf{11}$

3 $a,\ b$ は，$k,\ l$ を整数として，

$$a=7k+4,\quad b=7l+2$$

と表される。

このとき　$ab=(7k+4)(7l+2)$
$$=49kl+14k+28l+8$$
$$=7(7kl+2k+4l+1)+1$$

$7kl+2k+4l+1$ は整数であるから，ab を 7 で割ったときの余りは **1**

4 (1) $$9x+4y=1\quad \cdots\cdots ①$$

$x=1,\ y=-2$ は方程式 ① の解の 1 つであり

$$9\cdot 1+4\cdot(-2)=1\quad \cdots\cdots ②$$

①$-$② から

$$9(x-1)+4(y+2)=0\quad \cdots\cdots ③$$

9 と 4 は互いに素であるから，③ により

$$x-1=4k,\quad y+2=-9k\quad (k \text{ は整数})$$

したがって

$$x=4k+1,\ y=-9k-2\quad (k \text{ は整数})$$

(2) $$11x-7y=1\quad \cdots\cdots ①$$

$x=2,\ y=3$ は方程式 ① の解の 1 つであり

$$11\cdot 2-7\cdot 3=1\quad \cdots\cdots ②$$

①$-$② から

$$11(x-2)-7(y-3)=0\quad \cdots\cdots ③$$

11 と 7 は互いに素であるから，③ により

$$x-2=7k,\quad y-3=11k\quad (k \text{ は整数})$$

したがって

$$x=7k+2,\ y=11k+3\quad (k \text{ は整数})$$

5 $11000_{(2)}$，$11011_{(2)}$ をそれぞれ 10 進法で表すと

$$11000_{(2)}=1\times 2^4+1\times 2^3+0\times 2^2+0\times 2+0\times 1$$
$$=24$$

$$11011_{(2)}=1\times 2^4+1\times 2^3+0\times 2^2+1\times 2+1\times 1$$
$$=27$$

$24+27=51$ であるから，2 数の和 51 を 5 進法で表すと

$$\begin{array}{r} 5)\underline{51}\quad\text{余り}\\ 5)\underline{10}\ \cdots\cdots 1\\ 5)\underline{\ 2}\ \cdots\cdots 0\\ 0\ \cdots\cdots 2 \end{array}$$

$$51=\textbf{201}_{(5)}$$